我的低调
didiao
o
要让全世界
都知道

马一帅◎著

台海出版社

图书在版编目(CIP)数据

我的低调要让全世界都知道 / 马一帅著.
-- 北京：台海出版社, 2017.5

ISBN 978-7-5168-1372-0

Ⅰ.①我… Ⅱ.①马… Ⅲ.①人生哲学–通俗读物

Ⅳ.①B821–49

中国版本图书馆 CIP 数据核字(2017)第 082666 号

我的低调要让全世界都知道

著　　者:	马一帅
责任编辑:	高惠娟　　贾凤华
装帧设计:芒　果	版式设计:通联图文
责任校对:王　杰	责任印制:蔡　旭

出版发行:台海出版社

地　址:北京市东城区景山东街 20 号　　邮政编码：100009

电　话:010-64041652(发行,邮购)

传　真:010-84045799(总编室)

网　址:www.taimeng.org.cn/thcbs/default.htm

E-mail:thcbs@126.com

经　销:全国各地新华书店

印　刷:北京鑫瑞兴印刷有限公司

本书如有破损、缺页、装订错误,请与本社联系调换

开　本:710mm×1000 mm	1/16
字　数:180 千字	印　张:15
版　次:2017 年 6 月第 1 版	印　次:2017 年 6 月第 1 次印刷

书　号:ISBN 978-7-5168-1372-0

定　价:38.00 元

前言

在我们的一生中，关乎我们生存与发展的无外乎就是两点：做人与做事。做人难，难于在躁动的情绪和欲望中稳定心态；做事难，难于从纷乱的矛盾和利益的交织中理出头绪。一个人要想在这个世界上生存，成就自己的人生，就要学会放平心态、低调做人。

何谓"低调"？低调是一种谦虚谨慎的态度；不张扬，隐藏自己的能力。它是自己选取较低的标准、要求、观点，去面对和处理自己或他人身上所发生的事件，是对别人低标准要求的反应。

低调做人就是用平和的心态来看待世间的一切。低调做人，更容易被人接受。一个人应该和周围的环境相适应，适者生存。古人云："木秀于林，风必摧之；人高于众，众必非之。"所以，不如低调一点，这样更能增加你与大家的亲和力，为你赢得更多的朋友，这是一个人成就大事的最起码的前提。

低调的人虽然表面上常常给人一种懦弱的感觉，但低调绝不是懦弱的标志，而是聪明持久的象征。因为只有低调，才能成大事，铸就辉煌。

低调的本质是一种宽容。低调者首先放弃显耀自己，不愿将自己强过别人的方面表现出来，这是对他人的一种尊重，对不如自己的人的一种理解。低调的人相信：给别人让一条路，就是给自己留一条路。

低调也代表着灵活，给自己留出了很大的余地，学会变通，学会举一反三，不与人争，才能更好地看清楚自己的实力。

　　而一个低调的人势必也是快乐的，生活中真正摧毁一个人生活的并不是名利，而是随名利而来的虚荣、黑洞一样越来越大的欲望。低调的人不与人争，不羡慕别人，拥有一颗平常心：人生只需吃能够解决温饱的饭，无须山珍海味，无须满汉全席；人生只需住可以容身的房子，无须雕梁画栋，无须广厦千尺；人生只需要穿可遮蔽身体的衣服，无须锦衣华贵，无须珠饰环佩……这样的生活对于多数人而言未必会很精彩，但是一定也能够从中找到最纯的幸福。

　　……

　　然而在现代生活当中，又有多少人具有这样的雅量与谦卑的品格呢？尤其是，涉世未深的年轻人往往不能很好地适应社会上的人情世故，难免会吃亏上当、走弯路。在一般人的心目当中，成功者的人生令人艳羡，却不知，越是要出人头地，越应该学会低调做人。要知道，在这个世界上，没有谁会永远把风头出尽、把风光占尽、把风采夺尽！

　　《菜根谭》上有句话或许更耐人寻味："路径窄处，留一步与人行；滋味浓时，减三分让人尝。"

　　所以，在这个波诡云谲的世界里，只有懂得低调做人的人，才能够在社会这个纷繁的大舞台上扮演好自己的角色，才能够在人生的旅途中走好每一段路。从而在复杂的人际环境中绕开弯路，开创出广阔的发展空间，成就辉煌事业，演绎精彩人生。

　　正如希腊一位叫希尔泰的学者所说的："傲慢始终与相当数量的愚蠢结伴而行，愚蠢总是在傲慢到来之时，准时出现。傲慢一现，谋事必败。"

　　由此可见，对自己的成就轻描淡写，以低姿态出现在人们面前，这是安身立命的谋略。学会谦虚，学会低头，你就能永远受到人们的欢迎。

　　本书立足于现实，让读者在浮躁的社会中，学会理性和隐忍，懂得及时隐藏和掩饰，给自己营造一个更为安全可靠的生存和发展环境，为自己争取更多的主动权。

目

录

Contents

第一章 低头怎么了？低头是为了把王冠捡起来 / 1

    1. 这世界不论高低，只看输赢 / 2

    2. 猪"大"了值钱，人"大"了不值钱 / 4

    3. 争论不是辩论赛，那你又何必唇枪舌剑 / 6

    4. 自我感觉良好的人都不太幸运 / 9

    5. 变一变转一转，四两也可拨千斤 / 13

    6. 每颗珍珠原本都是一粒沙子 / 17

    7. 一蹴而就的成功，那只是神奇的传说 / 20

第二章 你的孤独虽败犹荣，你的低调蓄势待发 / 23

    1. 任何挫折都是上帝包装好的礼物 / 24

    2. 还当不了领头羊时，就先躲在羊群里 / 27

    3. 用寂寞熨平你狂乱的灵魂 / 30

    4. 从最难吃的葡萄吃起 / 34

    5. 我哪懂什么坚持，全靠死扛 / 37

    6. 打垮你的不是灾难，而是不善自制的情绪 / 39

    7. 生活是一场没有备用琴的演奏会 / 42

第三章 这点小亏不算什么，当时忍住就好了 / 47

1. 福兮祸所倚，祸兮福所伏 / 48

2. 便宜给别人，器量给自己 / 50

3. 好东西要舍得与别人分享 / 54

4. 你对我好一分，我对你好一寸 / 57

5. 向生命里的荆棘说一声谢谢 / 59

6. 姿态放低点，即使失败也可有余地 / 64

7. 退后一步，才能跳得更远 / 66

第四章 因为经历了低谷，于是有了真正幸福的可能 / 69

1. 只不过是从头再来 / 70

2. 不是捶胸顿足，而是奋发努力 / 73

3. 岂能尽如人意，但求无愧我心 / 77

4. 沙漠里也能找到星星 / 81

5. 找不到出路时，就切断一切后路 / 87

6. 做不好没关系，总比不做好 / 89

7. 聪明人从不担心做出愚蠢的事 / 93

第五章 口碑决定德碑，管住自己的嘴巴 / 97

1. 推功揽过，有百利无一害 / 98

2. 千万不要信口开河搬弄是非 / 101

3. 打探别人的薪水，是职场的地雷 / 104

4. 闲谈莫论人非，更不要谈论上司 / 107

5. 给语言的利剑加上一把"剑鞘" / 109

6. 满饭可以吃，"满话"不能说 / 111

7. 切记不要在失意者面前谈论你的得意 / 114

第六章 总把自己当最聪明的人，一定是碌碌无为的命 / 117

1. 嫉妒不可怕，可怕的是不能正视嫉妒 / 118

2. 事情永远不会因为你的抱怨而变得更好 / 122

3. 淡化自己的"优位"，减少别人的"敌意" / 124

4. 再强也不要和别人比，再弱也要和自己比 / 128

5. 鸡毛蒜皮的小事，一笑就过去了 / 131

6. 无论是新人还是老手，都要低调再低调 / 133

7. 给人一种"明天会更好"的感觉 / 135

第七章 没什么不好意思，打肿脸充胖子也未必落好 / 139

1. 压力山大？因为你"有求必应" / 140

2. 不好意思拒绝，也未必就"落好" / 143

3. 不重视面子会活得更好 / 145

4. "匹夫之勇"要不得 / 148

5. 保持清醒，小心被"捧杀" / 152

6. 掩饰错误不如承认错误 / 155

7. 敢于拒绝，巧妙说"不" / 161

第八章 不是世界不好，是你见得太少 / 165

1. 功名也只是一时的浮云 / 166

2. "盛名"有时也是一种压力 / 168

3. 修剪欲望，让生活变简单 / 171

4. 艰难困苦是人生的一笔财富 / 173

5. 不能背负的东西，就学会笑忘 / 176

6. 换一种心境，就换了一种世界 / 179

7. 最大的好处，也许是最深的陷阱 / 181

第九章　从容一些，你会更快乐一点　/ 183

　　1. 抛弃浮华，不忘初心　/ 184

　　2. 没关系，我可以　/ 188

　　3. 命里有时终须有，命里无时莫强求　/ 192

　　4. 我配得上最高尚的东西　/ 195

　　5. 千万不要预支明天的不幸　/ 197

　　6. 等待是一种靠近幸福的智慧　/ 201

　　7. 保持平常心，体会蛰伏的美丽　/ 205

第十章　会忍也要会挺，低调也要让全世界都看到　/ 209

　　1. 看清楚自己的实力，比看清楚对手更重要　/ 210

　　2. 给人帮助要低调，人情债千万不要四处宣扬　/ 212

　　3. 可以隐藏实力，但不能隐藏未来　/ 215

　　4. 小事情都做不好，谁还指望你做大事　/ 218

　　5. 知识的积累比财富更有价值　/ 221

　　6. 越是自由，越是要自律　/ 223

　　7. 不患得患失，才能真正有所得　/ 226

第一章

低头怎么了？
低头是为了把王冠捡起来

1. 这世界不论高低，只看输赢

你可以有自己高标准的处世之道，但低调做人，不彰显自己的优势，才可能像一棵树一样，用根系从更低更深处吸取养料，让树茎和树冠向更高、更辉煌的地方延伸。

如果你只顾让自己人性的树冠长得蓬勃葱郁、枝繁叶茂，而忘记了那些可以供给你养料的大地，你的根系就会萎缩，只要有风吹浪打，你这棵树定会摇摇欲坠，无法直立。

所以，低调做人是高质量生存的起点。

"卧薪尝胆"的故事也许人们早已烂熟于心，其实，这何尝不是一个低调做人的典范，一个重新确立自己的处世姿态并从底层起步发愤的警世案例呢？

公元前494年，吴王夫差为报越国杀父之仇，亲率大军进攻越国。越王勾践率军迎战，在夫椒对阵。结果吴军得胜，顺势攻破越国国都会稽，俘虏了越王勾践。

吴王夫差为了实现霸业，显示自己的宽宏大量，决定不杀勾践，只派他在吴国的宫里养马。勾践带着夫人和相国范蠡天天小心谨慎地为吴王当马夫。有一次，吴王夫差生了一场大病，勾践殷勤服侍。夫差见他"忠诚"，就放勾践回国。回国后，勾践一心要报仇雪耻。他重新定都会稽，委派文种管理内政，任命范蠡训练军队，加强战备。

勾践唯恐眼前的舒服会把自己的志气消磨掉，就改变了日常生活，把软绵绵的褥子撤去，以草作褥。在吃饭的地方挂上一个苦胆，每逢吃饭时，先尝一尝苦味。提醒自己不忘雪耻。

亡国以后，人口减少了，为了增加人口，勾践就订出几条奖赏生养的条例。例如：上了年纪的人不准娶年轻姑娘做媳妇；男子到了二十岁，女子到了十七岁，还不成亲的，他们的父母要受处罚；快要临盆的女人，必须报官，好派官医前去照顾她；添个儿子，国王赏她二壶酒，一头猪；添个姑娘，国王赏她一壶酒，一头小猪；有两个儿子的，官家代养一个；有三个儿子的，官家代养两个。耕种的时候，越王还亲自拿锄头在地里干活，目的是让庄稼汉提起精神，加把劲种地，多存粮食。国王的夫人也走出去，看望织布纺线的姑娘和老人们，没事时，自己也在宫里织布。七年里，国家免收捐税，越王自己穿衣、吃饭也处处节省。

而此时吴王夫差却自以为成了霸主，骄傲起来，一味贪图享乐。

公元前482年，夫差带着精兵去黄池会盟，一心想早日成为霸主。这时，越国已十分强盛了。勾践见时机已成熟，便乘机出兵打败了吴国，成为春秋末期的霸主。

在夫差面前勾践如若不能低调，恐怕早已成为刀下之鬼。那时的勾践用低调保全了自己的性命。回到越国之后，如果他忘记了低调，怎么能让自己的国家再次休养生息，日益强大，直至最终可以与吴王对垒？勾践的再次崛起是低调和高标的统一。这也是成功人士的立身原则。

要学会把自己的姿态摆得比别人低，让自己的心志站得比别人都高。前者是低调做人的训诲，后者是进入高标生存境界的必然。

为自己设定高远的目标，严格要求自己，从小处着手，从低处起步，这样一点一滴地做起来，才能使自己走出壮美的人生。高远目标是成功的必然要求，而低调做人则是规避失败的韬晦手段。

2. 猪"大"了值钱，人"大"了不值钱

在日常生活中，我们总是能看到这样一些人，他们爱摆"身架"，显示出自己的与众不同，不管做什么事情都会装模作样，好像自己威风无比、唯我独尊。然而，他们不知道，自己的"身架"摆得越大，在别人心目中的"身价"就越低。

乔治·华盛顿是美利坚合众国的第一任总统。他正是靠着他那平易近人的领导风格来赢得千万美国人的尊重和拥戴的。华盛顿虽然是个伟人，但他若站在你面前，你会觉得他普通得就和你一样：一样的诚实、一样的热情、一样的与人为善。

有一天，他穿着一件过膝的普通大衣独自一人走出营房。他的低调让遇到的每一个士兵都没有认出他。当来到一条街道旁边时，他看到一个下士正领着手下的士兵筑街垒。那位下士双手插在裤袋里，站在旁边，对抬着巨大水泥块的士兵们喊道："一、二，加把劲!"但是，尽管下士喊破了喉咙，士兵们也经过了多次努力，但还是不能把石头放到预定的位置上。他们的力气几乎用尽，石块眼看着就要滚下来。这时，华盛顿疾步跑到跟前，用强劲的臂膀，顶住石块。这一援助很及时，石块终于放到了位置上。士兵们转过身，拥抱华盛顿，表示感谢。

华盛顿转身向那个下士问道："你为什么光喊加把劲却不帮一帮大家呢?""你问我?难道你看不出我是这里的下士吗?"那下士背着双手，傲气十足地回答道。

华盛顿笑了笑，然后不慌不忙地解开大衣纽扣，露出他的军装："按衣服看，我就是上将。不过，下次在抬东西的时候，你也可以叫上我。"那个下士这时候才明白自己遇见的是谁，顿时羞愧难当。

人所谓的"身架"是一种"自我之认同"，不是缺点。但这种"自我之认同"也是一种"自我之限制"，也就是说，"因为我是这种人，所以我不能去做那种事"。所以，自我认同越强的人，自我限制也越厉害。而放下"身架"，就是做到为人处世、与人交往、待人接物时谦虚低调。"君子贵人而贱己，先人而后己。"百米赛跑，不低下身子就不能蓄势；拉板车上坡，不弓下腰就用不上劲。做人亦是如此，为人虚心，放下架子，才是关键。

如果要想在当今社会上走出一条路来，那么就要放下身架，也就是放下你的学历，放下你的家庭背景，放下你的身份，让自己回归到"普通人"中。同时也不要在乎别人的眼光和批评，做你认为值得做的事，走你认为值得走的路。

俗语"猪'大'了值钱，人'大'了不值钱"，说的也就是这个道理。"身架"与"身价"，既能给人带来荣耀，也可能会毁掉一个人的声名。昔日，三国的刘备若无"三顾茅庐"的求贤之举和平时礼贤下士的谦恭姿态，而是以"皇叔"的身份高高在上，就不会有三国争雄的故事。身份和地位越高的人，越要把自己的"身架"放下，只有这样才能赢得追随者的敬重和信赖。

只有放得下你的"身架"，你的思考才会富有高度的弹性，才不会有刻板的观念，而能吸收各种资讯，形成一个庞大的资讯库；只有放得下你的"身架"，你才能比别人早一步抓到好机会，也能比别人抓到更多的机会，因为你没有身架的顾虑；只有放得下你的"身架"，你才会在未来的人生道路上披荆斩棘，让你的"身价"倍增。所以说，即便你能力再强、水平再高、头衔再多、人际再广，只有放下你的"身架"才可能真正提高你的"身价"。

放不下身架，就像是高高在上的酒杯，就是酒壶里有再多的好酒，也倒不进去，变成浪费。放下身架并不是比人矮一截，而是用谦卑和真诚，去真正学到东西。

泰戈尔说过一句非常经典的话："当我们开始谦卑的时候，便是我们接近伟大的时候。"

● ● ●

3. 争论不是辩论赛，那你又何必唇枪舌剑

人与人交往，每个人都有说话的权利，每个人也都有发表意见的权利。对于那些不聪明的人来说，当别人的观点与他的观点不同时，他总试图证明自己的观点是正确的，想尽办法让别人认同自己的观点，这时，就会不可避免地发生争论。其实，有些争论完全是可以避免的，与别人发生无谓的争论，不仅伤害彼此之间的感情，而且也会破坏自己的形象。

休斯欠女明星珍妮100万美元。12个月后，珍妮合理合法地说："我想要我合同上规定的钱。"休斯声明他现在没有现金，但有许多不动产。

女明星的立场是她不听辩解只要她的钱，休斯继续指明他现在现金周转不灵，要她等一等，而珍妮一直坚持合同的合法性，双方争论不休，人们都说这桩事要到法庭上一辩是非了。

可最后，事情怎么样了呢？珍妮坐下来仔细考虑了之后，对休斯说："我们是不同的人，有不同的奋斗目标，让我们看看我们能不能在互相信任的气氛下一起分享利益、感觉和需要。"他们正是这样做了，他们之间的纠纷得到了解决，最终满足了双方的需要：把合同改为每年付5万本金，分20年付清，合同金额不变，但时间变了。一方面，休斯解决了资金周转困难；另一方面，珍妮的所得税逐年分期缴纳，并有所降低。有了20年的年金收入，她就不必为每日的财务问题烦恼了。珍妮和休斯都是胜利者。

人们在与朋友交往的过程中，由于存在好胜心理，有时即使理亏也要与朋友争辩。然而，每个人都渴望被他人认可、被承认，如果你常常在与朋友相处的时候与其争论，时间久了就会被认为是乏味无趣的人，让别人对自己敬而远之。

当你意识到自己的想法和意见与人不同时，当你的言行遭人非议时，你的第一反应大概就是奋起辩驳，结果使得双方心生芥蒂，不欢而散。

在一个欢迎罗斯爵士的宴会上，大家谈笑风生，气氛非常融洽。其间坐在卡耐基旁边的一位先生讲了一个有趣的故事。而在这个故事中，他提到了这样一句话：无论我们如何粗俗，有一个神，就是我们的目的。然后他非常自信地说："这句话出自《圣经》。"

这时卡耐基立刻意识到他说错了，因为他十分肯定这句话根本不是《圣经》中的，而是出自莎士比亚的一篇文章。于是，卡耐基就指出了他的错误。但这位先生不仅仅没有意识到自己的错误，还始终坚持自己的说法，并坚定地对卡耐基说："不可能！这句话不可能出自莎士比亚的一篇文章，它分明就出自《圣经》。年轻人，是你记错了吧。"

听到那位先生这样的话，卡耐基那种喜欢辩论的执拗劲又上来了，当场和那位先生激烈地争论起来。但是令卡耐基更加懊恼的是，卡耐基虽然知道自己所说的是正确的，但是却拿不出任何证据来。看着对方死不认错的样子，卡耐基简直气坏了，恨不得拿一杯凉水泼到对方的头上。

这时候贝琳达夫人刚好走了过来，贝琳达夫人曾经潜心研究过莎士比亚，她一定知道这件事谁对谁错。于是，卡耐基请贝琳达夫人来做个评判。贝琳达夫人坐到卡耐基旁边，她听完事情经过后在桌子底下用脚轻轻地碰了碰卡耐基，然后对大家说："戴尔，是你记错了，这句话不是出自莎士比亚的文章，而是出自《圣经》。"随后，大家满意地举起酒杯庆祝这场辩论会的结束。

当晚宴结束的时候，卡耐基略带气愤地对贝琳达夫人说："你是知道的，这句话分明出自莎士比亚的文章，为什么你要说我错了呢？"

贝琳达夫人微笑着说："戴尔，不错，这句话的确出自《哈姆雷特》第五幕第二场。但是我们只是一个客人，为什么要指出对方的错误，难道你这样做对方就会喜欢你吗？所以，我们应该保住对方的面子。记住，与人交往要避免正面冲突。"

从这件事情以后，卡耐基认识到了自己的缺点，并且逐渐地改变了自己。的确，与别人争论不休并不是一件好事情，因为这并不能给我们带来任何利益。富兰克林就曾经说过这样一句话："如果你辩论、争强、反对，或许你有时候会获得胜利，但是这种胜利是非常空洞的，更重要的是你还会失去对方的好感。"这句话能给人们很多启示：短暂的、口头的、表演式的胜利并没有多大意义，只有那些能够长期获得对方好感的行为才是明智的。

与人做无谓的争辩不能给自己带来任何好处。因为即使你说的是正确的，也很难改变对方的思想，而且招人厌恶；但当你保持沉默，避免和对方发生冲突时，对方反而能够冷静地倾听你的意见，进而达到良好沟通的目的。

所以，一定要记住避免与人做无谓的争论。因为这除了给你带来更多消极的影响外，不会有任何积极意义。

●　●　●

4. 自我感觉良好的人都不太幸运

汉朝的时候，在中国西南方有一个很小的县，叫作桐梓县。在桐梓县往东二十里的地方，有一个很小的国家叫夜郎国。

夜郎国虽然是一个独立自主的国家，它的国土却小得非常可怜。而且由于地处山区，交通闭塞，生产很落后，国家也很穷。可是夜郎国的国王却十分的自大骄傲！他以为自己的国家很大很大，不晓得临近的国家有多大！有一次，汉朝派人去拜访夜郎国的国王，他一脸骄傲地问："你们汉朝和我们夜郎，究竟是哪一个国家大呢？"汉朝的人一听，都忍不住笑了起来。

从此以后，人们就用"夜郎自大"来形容那些见识浅薄，自大骄傲的人。如今几千年过去了，在我们的现实生活中，"夜郎"这样孤陋寡闻却又妄自尊大的人仍然随处可见。

自信很重要，但自信过头的自负却很可悲。因为它会迷惑你的双眼，扰乱你的行为，所以任何时候都不要掉以轻心，它轻则会让你丢人现眼，重则一败涂地。

国王的御橱里有两只罐子，一只是陶的，另一只是铁的。铁罐瞧不起陶罐，常常奚落它。

"你敢碰我吗，陶罐子？"铁罐傲慢地问。

"不敢，铁罐兄弟。"谦虚的陶罐回答说。

"我就知道你不敢，懦弱的东西！"铁罐说着，现出了更加轻蔑的神气。

"我确实不敢碰你，但不能叫做懦弱。"陶罐争辩说，"我们生来的任务就是盛东西，并不是来互相撞碰的。在完成我们的本职任务方面，我不见得比你差。再说……"

"住嘴！"铁罐愤怒地说，"你怎么敢和我相提并论！你等着吧，要不了几天，你就会破成碎片，灰飞烟灭，我却永远在这里，什么也不怕。"

"何必这样说呢，"陶罐说，"我们还是和睦相处的好。吵什么呢！"

"和你在一起我感到羞耻，你算什么东西！"铁罐说，"我们走着瞧吧，总有一天，我要把你碰成碎片！"陶罐不再理会。

时间过去了，世界上发生了许多事情，王朝覆灭了，宫殿倒塌了，两只罐子被遗落在荒凉的场地上。历史在它们的上面积满了渣滓和尘土，一个世纪连着一个世纪。

许多年以后的一天，人们来到这里，掘开厚厚的堆积，发现了那只陶罐。

"哟，这里头有一只罐子！"一个人惊讶地说。

"真的，一只陶罐！"其他的人说，都高兴地叫了起来。

大家把陶罐捧起，把它身上的泥土刷掉，擦洗干净，和当年在御橱的时候完全一样，朴素，美观，釉子闪着光。

"一只多美的陶罐！"一个人说，"小心点，千万别把它弄破了，这是古代的东西，很有价值的。"

"谢谢你们！"陶罐兴奋地说，"我的兄弟铁罐就在我的旁边，请你们把它掘出来吧，它一定闷得够受的了。"

人们立即动手，翻来覆去，把土都掘遍了。但，一点铁罐的影子也没有。——它，不知道什么年代，已经完全氧化，消失无踪了。

自恃孤傲会引来杀身之祸，逞能的结局是自找死路。聪明、智慧、有内涵的人无论何时，通常都会表现得很谦卑。

自我感觉良好的人都不太幸运。这些人对自己评价虽然高，但周围人对他们的看法却大不相同，如果他们的能力有80分，周围人看他不过是50分，甚至更低。因为他们的夸夸其谈让人反感，让人认为他们是在吹牛。何况人外有人，天外有天，当他们炫耀自己的时候，那些真正有实力的人都在心里偷笑，对他们自然更不信服。

一位设计师被猎头公司挖角，推荐到一家著名的广告公司面试。设计师在业界有不小的名气，广告公司的总裁亲自面试。在面试过程中，设计师大谈他的设计理念，又把自己任职的公司批评得一文不值。总裁不自然地皱了皱眉头，请他谈谈对电视上正在播出的几个广告的看法。设计师毫不客气地将这些广告数落一通，总裁说："您说的这个XXX广告，正是我们公司的作品。"

设计师有些尴尬，但还嘴硬说："每个公司都有失败的作品，这不足为奇。"总裁很肯定地说："这个广告是我们公司传播率最广的广告，我想您的见解与我们公司的设计方向有很大背离，您不适合来我们公司工作。"

　　一位优秀的设计师即将得到一个更好的工作机会，他相信自己有实力进入这家著名的广告公司。在面试场上，他大肆谈论自己的理念，贬低自己就职的公司，还贬低面试公司的作品。最后他没有得到这个工作，也许他认为自己失败的原因仅仅是错误地批评了一个广告，却没察觉深层原因其实是他对事对人的高姿态。

　　人与人天生资质不同，有些人的确具有一些优势，他们可以更加轻易地得到成功，这个时候，如果他们不能收敛自己的行为，一味迷信自己的能力，看不起他人，贬低他人，很轻易就会引起周围人的反感，甚至会引起他人的联合排挤和报复。古语说："行高于人，众必非之。"时时表现自己的聪明，结果就是走到哪都有人讨厌，走到哪都不受欢迎。不能简单地将这种情况归因于旁人的忌妒，优秀的人那么多，为什么只有你遭人忌妒？

　　客观来看，人无完人，谁也不是全才，就算你在某一方面有很突出的特长，在其他方面，你总有不尽如人意的地方，而这些地方，恰恰是别人的优点。现实生活就是如此，你没有那么好，别人也没有那么差，看清这个事实，你才能更虚心地向他人学习，弥补自己的不足，有朝一日展现真正的实力。

5. 变一变转一转，四两也可拨千斤

南怀瑾先生说："处世不要走直路，走弯路才能全，处理事情转个弯就成功了。比如说小孩玩火，直接责骂干涉，小孩跑了，但用方法转个弯，拿一个玩具给他，便不玩火了。这就是'曲则全'的妙处。"

现在常常听到一些人一方面抱怨世事太艰难，人生的路越走越窄，看不到半点成功的希望，而另一方面又因循守旧、不思变通，习惯在老路上继续走下去。他们从来都没有想过，也许稍稍改变一下思路，调整一下目标，就可能会出现"峰回路转""柳暗花明又一村"的意外惊喜。

马嘉鱼是一种生活在深海里的鱼，它有着银色的外皮，燕子一样的尾巴，样子非常美丽，平时它们都生活在深海中，只有春夏之交会溯流而上，然后随着海潮游到浅海去产卵，这也是渔民捕捉它们的最佳时机。

渔民们的捕捉方法很简单：用一孔眼粗疏的竹帘子，下端系上铁块，放入水中，竹帘的三面都敞开，由两只小艇拖着，拦截鱼群。

这种鱼的"个性"很倔强，不喜欢转弯，即使闯入渔网中也不会停止。所以一只只"前赴后继"陷入竹帘孔中，帘孔随之紧缩。帘孔越紧，马嘉鱼就越是拼命往前冲，结果一只只都被牢牢卡死在了里头。

其实网住马嘉鱼的既不是竹帘子也不是渔夫，而是它们自己。但凡它们后退一步，或是转个弯，而不是一个劲地往里钻的话，就不会"自投罗网"了。人生的道路其实有很多种走法，并不是非得学马嘉鱼一样，蒙着头不顾一切往前冲的，有的时候，变一变转一转，也许死路也是可以走活的。

太极拳中有个说法叫作"避实就虚"，就是告诉我们不要什么都以硬碰硬，要懂得迂回，迂回可以四两拨千斤，可以办到我们用平常办法所办不到的事情。

汉武帝的奶妈曾经在外面犯了罪，武帝知道后，决定要按法令治罪，奶妈无奈之下去向东方朔求救。东方朔听了后说道："这不是光靠唇舌就能争得来的事，你若是一定想要把事办成的话，临走时，只可以连连回头望着皇帝，但千万不要多说无谓的话。这样也许能有万分之一的希望呢。"

奶妈被押上来见汉武帝时，东方朔也陪侍在武帝身边，奶妈依照东方朔所说，不敢说话，临走时也一言不发，只是频频回顾汉武帝。

这时，东方朔突然对她说："你是犯傻呀！皇上难道还会想起你喂奶时的恩情吗！"武帝虽然才智杰出，心肠刚硬，此时也不免引起深切的依恋之情，就悲伤地怜悯起奶妈来了，于是便下令免了奶妈的罪过。

东方朔无疑是聪明的，懂得"曲则全，枉则直"的道理，如果，汉武帝的奶妈直来直往，想着往日的情分，直接求情说些"我是你的奶妈，请原谅我吧"之类言辞的话，只怕唯一的结果就是人头落地了。我们为人处世也应该学学这样，并不一定什么事情都要直来直去的，有的时候迂回一下，走走弯路说不定效果更好。

很多人在工作当中，总是凭借一股劲横冲直撞，从来不对自身的实力和眼前的形势进行分析，结果最后往往折戟沉沙。量力而行，才能确保事情不会办砸。若是一味地好高骛远，而忽略了自身能力的问题，终究是要吃大亏的。因此，我们不能做那些蚍蜉撼树的傻事。任何时候都要保持头脑的冷静，学会审时度势，看清楚自己的实力，若是没有把握，该退的时候还是要退。

秦朝末年，陈婴为东阳令史，因为人谨慎讲信用，被人尊为长者。是时，天下大乱，群雄并起，东阳县的一些人杀死东阳令起义，但是因为群龙无首，于是请他来当首领。

陈婴的母亲是一个有点见识的女人，她对陈婴说：自从我嫁到你家后，就没有听说你家祖上有高位贵人，现今突然得到这么大的声望，恐怕会遭人嫉恨，成为众矢之的。你还不如另选人来做王，你当助手，事情成功了，能得赏赐；失败了，你也不是领头的，祸害也不大。

陈婴觉得母亲的话很有道理，而他也深知自己没有能力，不足以领导大军。无奈骑虎难下，最后还是被强行推上了首领的位置。

正好当时项梁、项羽叔侄听说了东阳起义的事后，决定与他联盟，项梁还亲自写了一封信给陈婴。于是秦二世二年，陈婴率领起义军两万多人从属项梁。后来项梁立熊心为楚怀王，陈婴被任为上柱国，封五县。

任何事情都不是想当然可以成功的，判断一件事情可否去做，首先要考量的就是自身的实力，其次就是要抓恰当的时机，顺应时代潮流。正所谓"时势造英雄"，为何每当乱世，便有英雄出世，就是因为时代浪潮在推动。若是逆时逆势而为，不要说你能力不足，便是你有翻天的本事也不能成事。

一阵狂风刮断了一棵大树。大树倒下的瞬间，看见弱小的芦苇却完好无损，于是就问芦苇："为什么这么粗壮的我都被风刮断了，而这么纤弱的你却什么事也没有呢？"芦苇回答说："因为我知道自己弱小，所以就低下头给风让路，避免了狂风的冲击；而你却凭着自己粗壮有力，拼命抵抗，结果被狂风刮断了。"

《管子·宙合》中曾经讲到，圣贤之人身处乱世，如果明知道治国之道不可行，就会抑制自己以回避刑罚，静默以谋求幸免。所谓回避，就像夏天避到清凉之地，冬天避到温暖之地，以此免去寒暑的侵害。但这并不是因为怕死而不忠于国君。因为如果勉强进言就会遭受羞辱，而毫无功效，往上说，伤害了君主尊严的义理；往下说，伤害了人臣个人的生命，那是十分不利的。所以隐退而不肯扔掉笏板，停职却不放下读书，为的是等待清明时世。

微子原为殷商贵族，帝乙的长子，殷商最后一个皇帝帝辛的庶兄，帝辛也就是我们常说的商纣王。殷商末年，纣王无道，穷奢极欲，暴虐嗜杀，导致众叛亲离，国势日衰，微子屡次进谏，均不被采纳，于是出走避祸，后来殷商果然被周武王所灭。

武王灭商后，微子乃持商王室宗庙礼器，来到武王军营前，表示投降。他袒露上身，双手捆缚于背后，跪地膝进，左边有人牵羊，右边有人秉茅，向武王请罪。武王为了向天下人展示自己宽厚为怀，便将他释放，并宣布恢复他原有爵位。

有句俗话叫做："识时务者为俊杰。"意思就是说人要"知进退，识时务"，只有认清天下大势、时代潮流的人才是杰出人物。"春采生，秋采藏，夏处阴，冬处阳"，说的就是为人处世要"因时而动，就势而为"。所以微子没有跟随商纣王赴难，而被周武王封于宋国，成为殷商遗民的领袖。正是此举使祖宗祭祀不灭，后代不断绝。这并不是因为怕死，而是为了留着有用之躯，做些有意义的事情，而不做无谓的牺牲。

6. 每颗珍珠原本都是一粒沙子

何为"忍"？忍就是压抑痛苦的感情或内心的感受，不让其肆意表现出来。孔子曰："小不忍，则乱大谋。"今天的"忍"，恰恰是为了明天的"成"。

很多时候我们面对生活时是无奈的，一个人要想卓尔不群，就要有鹤立鸡群的资本，承受不住忽视和平淡，就很难达到辉煌。只有经过常人不能接受的忍耐，才能让自己从一粒沙子变成一颗价值连城的珍珠。

要问2012年NBA（美国职业篮球赛）最耀眼的新星是谁，当非林书豪莫属。十天七连胜，单场个人平均得分20分以上，林书豪书写了NBA新的奇迹。从板凳球员到"第六人"，从先发控卫到优秀控卫、顶级控卫，整个飞跃过程林书豪仅用了一周，而大部分NBA球员需要大半个赛季才可能实现。

对于一夜成名的林书豪，很少有媒体用"天才"这个词来称赞他。在对他的报道中，我们看到最多的词是"厚积薄发"。事实的确如此，这个被媒体称为"林疯狂"的人取得的辉煌成绩，看似瞬间爆发，但却是厚积薄发的必然结果。

林书豪很小就在爸爸的带领下喜欢上了打篮球。从小学到高中，他一直坚持。他的篮球成绩非常出色，在高中四年级时，他可以场均贡献15.1分，7.1次助攻，6.3个篮板球以及5.0次抢断。于是他满怀信心地将自己的成绩和一张刻有自己打球视频集锦的DVD送往常春藤联盟的8

所大学，但是他却被拒绝了。最后他不得不选择进入哈佛校队，但一年级赛季时的林书豪被称作是"球队中身体最弱的一个"。于是他在平时更加严格要求自己，每天坚持体能、球技等各方面的训练。终于在二年级赛季的时候如愿以偿，林书豪以场均12.6分的成绩入选了常春藤联盟第二阵容。林书豪就这样不骄不躁地提高着自己，最终在三年级联赛秀的时候，以优异的成绩全票入选了常春藤联盟的第一阵容，实现了高中时未完成的心愿。

在他的篮球路上，林书豪虽然受到过一些挫折，但他都以坚定的信念撑过来了。而他的职业生涯之路却比在学校时难得多。在将篮球职业化、商业化的NBA，一个被认为不能给自己带来价值的球员，是没有球队会和他签约的。曾有一个球探十分透彻地分析了林书豪当时的情况："一个聪明的传球手，但也是一个跳投有缺陷、身体单薄的球员，很可能没有足够的力量和运动能力在NBA中完成防守，但是可以创造投篮机会或者杀入禁区攻击篮筐。"于是，林书豪通过参加各种篮球训练营，不断提高体能、跳投能力和球技，抓住每一个出场比赛的机会。最终，在2010年他接到了达拉斯小牛队、洛杉矶湖人队、金州勇士队以及一支东部球队提供的报价合同。

2010年7月，林书豪以50万美金的薪酬签了自己家乡的球队，也是自己非常喜欢的球队——金州勇士队。但在这支球队里，林书豪并没有得到太多的上场机会。林书豪还是秉承他一贯的作风，不断提高自己。即使在2011年NBA停摆期间，他仍旧坚持提高自己的弹跳能力，坚持体能训练。接下来到了林书豪最难熬的日子：先是被勇士队裁掉，签给火箭队；6天后，被火箭队裁掉，签给尼克斯队。在最初的几个月，他只能是替补，一直是个板凳球员。尼克斯队曾在2月4号林书豪爆发前考虑过放弃他，以便于可以签下一名新球员。那时林书豪十分窘迫，经常借住在队员家的沙发上。

然而，上天终于给了这个坚持不懈的孩子一个一鸣惊人的机会。在2月3日尼克斯队浪费了第四节比赛的领先优势而输给波士顿凯尔特人队后，主教练迈克·德安东尼决定给林书豪机会上场打球。2月4日，在一场以99:92战胜新泽西网队的比赛中，林书豪得到25分、5个篮板球以及7次助攻——全部都是生涯新高。在中场休息时间，队友卡梅隆·安东尼向主教练迈克·德安东尼建议，下半场林书豪应该获得更多的出场时间。从此，林书豪开始了他在NBA赛场上的传奇之旅。

善于忍耐的人，把挫折当作经验，卧薪尝胆，韬光养晦，积蓄能量，无怨无悔，以苦为乐，等待时机修成正果。

不善于忍耐的人，遇事情不顺时，拍案而起，拂袖而去，也许心中畅快，但失去的是机会。忍字头上一把刀，忍耐会有痛苦；忍字下面一颗心，忍耐会受煎熬；忍耐就好似手刃自己的心，需要时间等待伤口慢慢愈合；忍得头上乌云散，拨开云雾见阳光。

就像一颗璀璨夺目的珍珠，原本只不过是一粒丑陋的沙子，毫不起眼地待在一个不为人知的角落里。直到一天，他被冲到了大海里，再被裹进贝壳中，经过不知多少年漫长的忍耐，终于有一天成为晶莹、光滑的珍珠。

每颗珍珠原本都是一粒沙子，但并不是每一粒沙子都能成为一颗珍珠。一个人要想卓尔不群，就要有鹤立鸡群的资本，承受不住忽视和平淡，就很难达到辉煌。只有经过常人不能接受的忍耐，才能让自己从一粒沙子变成一颗价值连城的珍珠。

7. 一蹴而就的成功，那只是神奇的传说

"看似简单的事，做好也不容易。"话总是说起来容易，做起来难，在这一点上，几乎所有的人都达成了共识。但有些人选择努力去做，有的人却选择了放弃。那些能够克服困难，踏踏实实做事的人，最终一定能够获得成功。

不管你是个什么角色，生活中总是充斥着各种各样的大事小事，那些能够从容处理的人，一定是从细节入手的。许多复杂的事都是由一个个小细节组成的，没有任何一件事情，小到可以被抛弃。若是小事被忽略，那再大的事也不过是空中楼阁，没有了细节，再复杂的工作只能是纸上谈兵。若想成就一番事业，获得成功，那就要把每一件小事做到位，由量的积累跨到质的飞跃，这样一来成功也就成了水到渠成的事。

汤姆·布兰德是美国福特汽车公司的总领班。总领班要负责各个车间的生产管理，并且要直接向公司领导反映生产过程中出现的各种情况。这个岗位可以说是非常重要。但是很多人并不知道，汤姆·布兰德在进入公司的初期只是美国福特汽车公司一个制造厂的杂工，在他职业生涯的开始阶段，就是在做好每一件小事中获得了成长，并最终成为福特公司的总领班。那一年他才32岁，是在这个有着"汽车王国"之称的福特公司里最年轻的总领班，这确实是一件很不容易的事。

汤姆在20岁的时候进入工厂，一开始，他并没有一味地蛮干、傻干，而是通过自己的观察，对汽车制造有了一个整体的认识。他了解到一辆汽

车由制作零件到装配出厂，大概要经过多少道工序，要经过哪几个部门，这些部门各自的工作是什么，它们之间是如何协调工作的。最后他得出一个结论：如果自己要在汽车制造业做出一番事业，就必须对汽车的全部制造过程都能有深刻的了解。因此，他主动要求从最基层的杂工做起。

当时的杂工不是正式工人，没有固定的工作场所，经常是哪里有零活就要到哪里去。正是因为有了这份工作，汤姆才有机会和工厂的各部门接触。汤姆做杂工做了一年半之后，他申请调到汽车椅垫部工作。当他学会了制作椅垫的手艺，又申请调到点焊部、车身部、喷漆部、底盘部等部门去工作。就这样，在不到五年的时间里，他几乎在工厂的各个部门都工作过了。

汤姆的父亲看到儿子不断地调换工作部门，十分不解，他问汤姆："你工作已经好几年了，可这几年你总是做些焊接零件、给零件刷漆的小事，你就不怕耽误前途？"

汤姆很理解父亲的心情，他笑着说："爸爸，你不明白，我要做的不是一个部门的工头，我希望成为整个工厂的领导者，要做到这一点，必须花点时间了解整个工作流程，这样才能从整体和局部两个方面做好管理工作。我现在正在做的正是最有价值的事情，我要学的不仅仅是一个汽车椅垫是如何生产加工的，或者是油漆是怎么刷上去的，我要学的是整辆汽车是如何制造的。"

汤姆经过坚持不懈的学习、工作，经过一个又一个部门的实践，学会了一门又一门的手艺，当他确信自己已经具备管理能力时，他决定在装配线上施展拳脚，他申请到装配线上去工作。由于汤姆在其他部门干过，懂得零件的加工工艺和质量检验方法，这为他的装配工作提供了不少便利，使他学习得更快，进步得更快。没过多久，他就成了装配线上最出色的员工并因此晋升为领班。

汤姆·布兰德的成功实际上就是将每一件小事做好，然后积少成多，由量到质地发生飞跃，在岗位上做出了自己的成绩。汤姆做杂工干的是小事，而汤姆却从中获得对各部门的工作性质和工作环境的认识，为实现最终的职业目标打下了坚实的基础。所以，有这样一句话：与其浑浑噩噩浪费时间，不如从我们经手的每一件琐事、每一件小事中得到成长，由简入繁，积少成多，最终迎来人生的春天。

人生从来没有一蹴而就的成功，不轻视自己所做的每一件事，坚持不懈地努力，这就是厚积薄发的妙处。唯有厚积，拥有一颗不断进取的心，不断地积累，才能使自己更强大；也唯有薄发，最后的能量才会闪耀出惊人的光彩。

第二章

你的孤独虽败犹荣，
你的低调蓄势待发

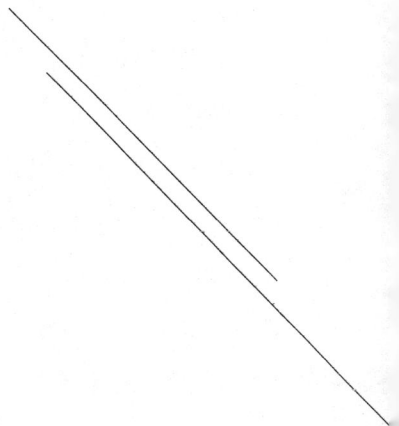

1. 任何挫折都是上帝包装好的礼物

挫折和失败就像是人生的必修课，在期许和幸福之间，我们难免要经过一条满是荆棘的隐忍之路。

每一个人的人生旅途中，不可能永远春风得意，事事顺心。由于自身、环境、机遇、天灾、人祸等各种各样的原因，难免会遭受诸如朋友反目、家庭变故、病魔缠身、蒙冤受屈、考试落榜、应聘失败、用非所学等种种打击。这就是我们所说的遭遇到了挫折。行走在人生道路上，谁都会遇到挫折。

适度的挫折具有一定的积极意义，它可以帮助人们驱走惰性，促使人奋进。

在松下电器的众多经销商中，并不是每一个都年年盈利、生意红火的。有一年因经济不景气，很多经销商的生意都处于低谷。有一位经销商经过一段时间的亏损后，如坐针毡。他也曾试着找经营的失败之处，但每次都得不到什么有用的结论。于是，他告诉自己：现在市场景况不好，也许过了这一段时间就好了。然而他一看到冷冷清清的店，心里就痛苦不已。他甚至怀疑自己不是干这一行的料，几度想放弃这个店。无奈之下，他决定向松下幸之助请教，期望能得到一些改善营运的秘诀。

于是，经销商把经营的模式一个细节不落地告诉了松下。松下听完经销商的叙述后，说："目前的市场萧条，生意不好，自然不能怪你。不过，我想请问你一个问题，是不是所有店都在亏损呢？"

经销商摇摇头。松下接着说："这就是问题的所在。面对不景气的市场，和如此惨淡的生意，你只是一味发愁，不采取行动解决，这只能说明你已被挫折打倒。总结每一位生意人成功的秘诀，不难发现他们没有一个不是勇于接受种种考验，并且绞尽脑汁解决问题，最后取得成功的。如今你在此向我请教改善生意的方法，我只能告诉你我没有什么秘诀可提供给你。不过，你最好还是静下心来仔细去思考一下，把它当作是对自己的考验，然后倾尽全力去做，我相信你会走出一条路来的。"

松下这番发人深思的话给这位经销商带来了很大的震撼。他回到店里之后深刻地反思了一下自己，然后他召开了全店职工会议，把他向松下幸之助请教的过程告诉了大家，并希望大家都能理解这位"经营之神"的"法宝"，然后去努力奋斗。

经过一番闭门苦思之后，经销商携员工们重新布置商店的橱窗，商议出加强服务的措施，并开始了上门推销和上门维修、送货上门等服务。半年的时间过去了，现在该店经营不善的状况不止好转，而且变得门庭若市、销路愈来愈好，其营业额也呈直线上升。而这位经销商也明显成熟、老练了不少，很多人问他是如何走出低谷时，他总会意味深长地说："我感谢松下先生的宝贵启示。也感谢那些挫折，因为那是上帝赐予我的考验，在接受考验的同时，我也获得了一生受用不尽的法宝。"

挫折对每个人的人生来说，都是一种考验，它考验一个人的信心和毅力。在面对某个挫折时，你逃避了，它就会无数次地用同一个问题来为难你；当你战胜它的时候，心里会有无尽的成就感，而且每次战胜它，你都会得到非常好的奖励。也就是说，面对挫折，如果因此而放弃，便前功尽弃；如果继续坚持不懈，便有可能反败为胜。

纵观全球演艺人员的收入排行榜，史泰龙是其中耀眼的一位。然而为很多人所不知的是，他成功的背后其实隐藏着无数次的挫折。

22岁那年，史泰龙退伍，100块钱和破旧的金龟车便是他所有的家当。他开着车，啃着面包，像无头苍蝇般地在纽约找工作。从事演员工作是他最大梦想，他执着地向每一家公司应聘。但由于他没有把个人的特点与环境做出最适当的调适，没有考虑到自己不是英俊小生，想要当主角非常难，所以总共被拒绝了1850次。

不难想象，一个人如果对自己没有高度的信心，没有积极的思想，在被拒绝两次以后，可能就会考虑放弃。然而史泰龙却在被拒绝1850次后，还一直不断地鼓励自己："这是一个充满仁慈的世界，它不会一直让挫折来陪伴一个人的。失败，只不过是暂时停止成功。"

功夫不负苦心人，他终于遇见了一位看好他剧本的导演。但是，导演却无论如何也不能接受让他当主角，就跟他说："如果让你当主角，票房肯定会惨不忍睹的。"但是史泰龙却自信地说："你如果要用我的剧本，一定要用我当主角，不然剧本我是不会卖给你的。"最后，那个导演只好尝试一次看看。没想到后来竟一举成功，这部电影就是《夺标》。

任何挫折都是上帝包装好的礼物。真的猛士，可以操控自我心智，跨越道道障碍，打破重重险阻，奋力前行；真的智者，面对挫折能够虚怀若谷，大智若愚，保持一种恬淡平和的心境，这是彻悟人生的大度；真的隐忍者，不动声色地把挫折踩在脚下，让它变成自己向上的阶梯。

2. 还当不了领头羊时，就先躲在羊群里

"没有天生的领袖"，很多人不懂得这个道理，总觉得自己本应该是领头的人物，自己在目前的位置上很"屈才"。实际上，很多时候，我们并没有自己想象的那么优秀。比如，在工作中，很多人看别人做得简单，轮到自己，往往找不准方向，漏洞百出，这便是"知易行难"的道理。

我国台湾著名的作家刘墉说："年轻人要过一段'潜水艇'似的生活，先短暂隐形，找寻目标，耐住寂寞，积蓄能量，日后方能毫无所惧，成功地浮出水面。"不去赶时髦，不去追风潮，利用这些时间和精力去刻苦钻研，认真陶冶。很多成功者在目标实现前的一个阶段都是一个躲在羊群里的孤独坚持者。

1994年，北京大学孟二冬教授想要做《唐代省试诗》的研究，当他阅读了大量唐代科举的相关资料后，发现清代学者徐松的《登科记考》中存在着大量的缺漏，于是放下手中的课题，让自己一心沉浸在古籍阅览室的纸堆里。他在散发着霉味的线装书中一条一条地查找线索，对唐代的登科一个一个地核实士人，广泛收集资料，参校甄别，将这部资料性极强的学术著作进行了系统的整理，得出的结论中，仅科考的人数就比原著增加了一半。

这样一本书，既不是北大中文系的项目，也没有经费的支持，出版后也不可能畅销，但他还是为此花去了宝贵的7年时间，终于完成了上中下3册共100多万字的《登科记考补正》。2004年，《登科记考补正》

获得了哲学社会科学优秀成果奖一等奖，文学界和史学界也给予了高度的评价，《登科记考补正》被认为是近些年我国文学界和史学界不可多得的一部力作。

躲在羊群里，就是要耐住寂寞，即使自己不被认可，也能刻苦工作。一个人如果想要出人头地，必须先要耐得住寂寞，因为成功的辉煌就隐藏在寂寞的背后。盛大的总裁陈天桥有一句名言："人要首先耐住寂寞，然后要耐不住寂寞。"他刚毕业时找到第一份工作是每天给客户播放宣传片，工作极其乏味枯燥，但是他耐住了寂寞，坚持了下来。也正是这一段时光让他沉淀了自己的性格，磨砺了自己的意志，为后来成为领头羊打下了基础。

当然，有些人确实有一定的才华，而一时没有被发现，但是所有走向成功的人士都是从羊群里走出来的，就像冯仑说的："伟大是熬出来的。"当一个人的才华还没有被发现的时候，千万不能总想着炫耀自己，总表现得自己比别人强，而应该虚心学习，躲在羊群里，默默寻找让自己一飞冲天的平台。

上海大名鼎鼎的青帮老大杜月笙头脑机灵，做事老练，然而，早期时，他一直没有出人头地的机会，后来在黄金荣手底下做了一名杂役。但他并没有为自己的人生气馁，而是一边把自己手头的事情做好，一边努力寻找升迁的机会。一次偶然的机遇，他成为了黄金荣老婆林桂生的贴身看护。

林桂生是黄金荣非常宠爱的一个老婆。因此，杜月笙觉得机会来了，便好生侍候林桂生，以便换取出头之日。他"衣不解带，食不甘味"，尽力侍奉。别人都是随叫随到，他不但如此，而且林桂生想到没说的，他也预先想到准备好了；林桂生没想到的，他也想到了，以此来哄得林桂生笑容满面、心花怒放。林桂生逐渐把杜月笙视为知己。最后,林桂生把杜月笙完全当成了自己人,一边把自己私房钱的生意交给杜月笙管理投资,一边还在黄金荣面前大夸杜月笙,希望黄金荣好好提拔他。因此,杜月笙经营了黄金荣手底下的法租界三大赌场之一——公兴俱乐部。

从杂役到头目,杜月笙就这么一步一步爬了上来。

有才华的人因为不能施展才华而躲在羊群里是很痛苦的一件事情,但"吃得苦中苦,方为人上人"。而有些人躲在羊群里,久而久之,就果然成了绵羊。唯有耐住寂寞,正视自己,不断丰富自己,才有可能"咸鱼翻身"。

没有人的事业是一步登天取得的,任何人的成功都是一点一滴通过自己的努力获得的,都会经过痛苦和"羊群"的历练。梵高坚持自己的绘画理想,就算他的父亲都瞧不上他,就算他的朋友都对他无法理解,他依然能够默默地坚持,并取得了举世瞩目的成就,成为了绘画史上的领头羊。

"当你当不了领头羊时,那就先躲在羊群里",含着金钥匙出生,也不一定有开得金锁的能力,只有在羊群中经过自我沉淀和认识,方能逐渐丰满羽翼,振翅高飞。

3. 用寂寞熨平你狂乱的灵魂

人生终究是一次经受孤独的过程，没有哪一个人总有掌声和欢笑相伴。远离喧嚣时，就应该懂得享受孤独。

每个人的机遇不同，然而在成功之前都有一个相同的必经过程——寂寞。寂寞是难耐的，寂寞是清苦的，寂寞是无聊的，寂寞是孤冷的，因此不少人抱怨寂寞难熬，耐不住寂寞，情绪容易躁动。

殊不知，寂寞是一场漫漫修行，是一种身心的考验。铁树沉寂60年方开一次花，昙花积聚一个花期只为数小时的盛放。不在寂寞中自制，便在寂寞中堕落；不在寂寞中升华，便在寂寞中糜烂；不在寂寞中永生，便在寂寞中腐朽。如果说寂寞是成功的根须，那么成功就是寂寞开出的花朵。

38岁时，李时珍被荐为太医院判，他一头扎进书堆，夜以继日地研读、摘抄和描绘药物图形，努力吸取前人的医学精髓。而此时太医院上下已经被搞得乌烟瘴气，原来那些院判们发现嘉靖皇帝迷信仙道，祈求长生不老之术，便纷纷大炼不死仙丹。但世上哪有什么不死仙丹呢？李时珍劝说众人停止这种荒唐行为，但他们给出的解释是——既然皇上喜欢，何不就此取悦皇上，以获取功名利禄呢？众人因为功名居然泯灭了行医之道，李时珍不想这样，一年后毅然告病还乡。

回到家后，李时珍没有在家过衣食无忧的生活，他认识到"读万卷书"固然需要，但"行万里路"更不可少，便外出采访。在那些日子里，李时珍穿上草鞋、背起药筐,在徒弟庞宪、儿子建元的伴随下,远涉深山旷野,遍访名医宿儒,搜求民间验方,观察和收集药物标本。其间,他们的足迹遍及河南、河北、江苏、安徽、江西、湖北等广大地区,以及牛首山、茅山、太和山等大山名川。

远离了人间的喧嚣,每日面对巍巍大山、青青悠草,无疑是寂寞的。但李时珍耐得住寂寞,先后历时27年,最终搞清了许多药物的疑难问题,完成了16世纪为止我国最系统、最完整、最科学的一部医药学著作——《本草纲目》的编写工作,该书被达尔文赞为"中国古代的百科全书"。

李时珍撰写医药典籍,历时二十七年,其间他访遍名山大川,尝遍百花野草,终于著成惊世骇俗的医学巨著《本草纲目》,正可谓"古来圣贤皆寂寞"。试想,如果他与众多的太医院判同流合污,为功名利禄所诱惑,或者不能忍受远涉深山旷野,遍访名医宿儒的寂寞,哪还能取得如此巨大的成就呢?

国学大师王国维曾说过,古今成大事业、大学问的人,都必须经历三种境界:一是"昨夜西风凋碧树,独上高楼,望断天涯路"的寂寞孤独;二是"衣带渐宽终不悔,为伊消得人憔悴"的执著和坚持;三才是"众里寻他千百度,蓦然回首,那人却在灯火阑珊处"的辉煌和成功。寂寞的妙处可见一斑。

李忱是唐宪宗李纯的第十三子,于长庆中期被封为光王。即位之前,贵为王公的李忱却不得不离京出走,这得从他当时的处境说起。李忱的母亲并不是一个有身份、有地位的妃子,她作为当时叛臣的罪孥进宫,结果邂逅了当朝皇帝,生下了李忱。可惜在李忱的幼年,宪宗皇帝就被宦官暗杀了,留下这一对母子,既不能母凭子贵,也不能子凭母贵。

公元820年2月,李恒(李忱之兄)被宦官扶上皇位,是为唐穆宗;四年后穆宗服长生药病逝，其子敬宗李湛接任，但他只活到18岁，驾崩后由其弟文宗李昂、武宗李炎相继接任。

在这长达二十年的时间里，三朝皇叔李忱的地位既微妙又尴尬。他只能学黄老之道，韬光养晦，装傻弄痴。尽管他为人低调，不事张扬，但光王的特殊身份，还是让他逃避不了被侄儿们猜忌、排斥、挤压的命运。文宗、武宗两位皇帝更是对他心存芥蒂，非但不以礼相待，还想方设法地迫害他。公元841年，唐武宗登基时，李忱为避祸，便"寻请为僧，行游江表间"，远离了是非之地。应该说，李忱当时做出的这一抉择，当属大智若愚、达人知命的明智之举。而流放底层，阅尽人世沧桑，也为他将来成大业提供了一个难得的机会。

法号"琼俊"的李忱虽然隐居于与世隔绝的深山之中，但他并没有一心向佛，忘却心中之志。握瑾怀瑜的他，效法孔明抱膝于隆中、太公钓闲于渭水，准备待时而动。在唐武宗统治的六年间，他不停地通过秘密渠道打探宫内情况，积极从事夺权的活动，以实现"归去宿龙官"的夙愿。

虽然他一直隐藏自己的这一志向，在福建境内的天竺山真寂寺的三年间，他言行谨慎、不露端倪。但在一次与黄蘗和尚观瀑吟联时，他那深藏于心的雄才大略却通过一副对联表露无遗。

黄蘗是当时福建一位名僧，他出家于福清黄蘗山，因拜江西百丈山海禅法师而得道，从此名声大噪。黄蘗当时云游四方，行踪不定，也曾入宫，与李忱熟识并成为知己。得知李忱龙潜于真寂寺，他特地赶来，在庙里长住下来。

一日，两人在山中闲话，面对悬崖峭壁上的一条飞瀑，黄蘗来了雅兴，对李忱说道："我得一上联，看你能否接下联。"李忱也兴致盎然，说道："你道来我听，我必对得上。"黄蘗于是吟道："千岩万壑不辞劳，远看方知出处高。"李忱几乎是脱口而出："溪涧岂能留得住，终归大海作波涛。"黄蘗听了，赞赏有加。

没有深沉的寂寞，哪有动听的长歌？李忱就像那瀑布，经历"干岩万壑不辞劳"的艰险后，终将飞珠溅玉、石破天惊。公元846年，深谙权谋、忍辱负重的李忱在太监们的拥戴下，从侄儿手中夺过大位，是为唐宣宗，时年37岁。由于他长期在民间阅世读人，深知黎民疾苦，故躬行节俭，虚怀纳谏，颇有作为。

所以，面对寂寞，我们应该学会正视，学会感恩。寂寞不是百无聊赖、无所事事，更不是所谓的孤独或寂灭。寂寞的意义在于：守住精神的底线，不为浮躁左右，安抚躁动的心神，熨帖狂乱的灵魂。凭借一己良知和理性，在寂寞中坚守、进取升华，完成对生命的认识和诠释，使人生不再寂寞。

"静中念虑澄澈，见心之真体；闲中气象从容，识心之真机。""万物芸芸，各复归根，归根曰静，静曰复命。"这些话无不是在启发我们：寂寞，是思想上的考验，是精神的历程。红尘喧嚣，人海浮沉之余，耐得住寂寞，经得起诱惑，心灵才得其正，浮华归于沉寂，精彩方才体现。

4. 从最难吃的葡萄吃起

大部分人做事都是从易到难，从喜欢的事情做起，但恰恰喜欢做的事情一般都阻碍工作进展，是效率最大的杀手。而不愿意做某件事情的借口往往是没什么兴趣，真实的原因是自己没有能力在当前把事情做好，这就形成了一种循环，因为不擅长，或者没有自信心，所以拖延着不做，而拖延着不做让自己处于急于逃避或者应付了事的状态中，并没有从根本上深入理解工作的本身，因此也无法提高自身的能力，最终变得越来越不喜欢做应该做的事情。结果使得这一方面的能力愈加弱化，并且在心里形成一种惯性思维——"我没兴趣，也做不好，我并不喜欢做这件事情。"结果越来越不喜欢去做它。

很少有人会对分派下来的工作兴奋得两眼发光，除非他是工作狂，恰巧分配下来的工作又是他最擅长且最喜欢做的。这时候就要面对一个问题，如何完成一项枯燥、自己又没有把握的工作呢？譬如说这项工作需要8个小时才能完成，如何在8个小时里不被随时而来的干扰或者欲望打断，最好的方法就是把时间分段。一般人注意力集中的时间都不长，5~6岁的儿童持续时间为10分钟，7~8岁的儿童是15分钟，上小学的孩子则是20~30分钟，成年人也只有30分钟左右，学校设置每节课的时间也不过45分钟，所以长时间地集中注意力是一个普遍的难题，更何况是对自己毫无兴趣的事情。

对于一般人来说，专注某件事情长达一个小时是非常困难的，15分钟就不会那么艰难了，尝试以15分钟为段，如果做到了，就对自己说，"看起来做得不错，不妨再做15分钟"。趁着自己在状态再接再厉，半小时就过去了。原本事情是没有喜欢或者不喜欢之分，而是我们对事情的感觉让它有了这一层的定义，任何事情着手时，想象的感觉就消失了，不管你多害怕它，或者认为它多么讨厌，当沉静下来投入到工作中时，不好的感觉就不存在了，工作就是要找到"我在"的状态。

　　每天从最不喜欢的事情开始做起，坚持做完它，然后做第二件事情，一直做到最后一件才开始做你喜欢的事情。从心理上最困难的事情入手，在中途不要跳过那些你不喜欢做的事情。这是一种强化训练，坚持下去，强化的效果会越来越大，最终你觉得你有力量完成任何事情。

　　刚刚晋升为销售部经理的张蓓每天做的第一件事情就是给那些"难搞"的顾客打电话，或者直接登门拜访。刚进公司的她可不是这样的，作为销售菜鸟的她每天都在为给陌生顾客打电话头痛不已，所以总是拖拖拉拉，做一些杂七杂八的事情来逃避，一个月下来，人事部主管找她谈话时委婉提出了辞退她的想法，张蓓这个时候意识到自己在试用期的表现并不好，面临着丢掉工作的危险。谈话后的第二天，她早上开始工作就直接给顾客打电话，因为技巧并不好，所以被顾客拒绝的频率很高。一个上午下来，她反而比以前轻松，比起以往整天想着联络顾客而未能付诸行动的恐惧，顾客的回绝虽然让人沮丧，但她内心并没有那么大的负担。一个星期后，她成功地完成了一笔订单，这也是她进入公司后的第一笔销售业绩。和顾客打交道愈多，她沟通的技巧也愈加成熟，慢慢地形成了一早有预约和拜访顾客的工作习惯，随着业绩提高很快她就荣升为销售部经理。

　　主动选择面对自己不喜欢的事情——因为把它排除掉后，你就开始做愉快的那一部分工作，这让你更愿意投入到工作中，并且有着快乐的体验，从而有效控制了拖延。

从不喜欢的事情做起让你工作时更有力量，也更加投入，进而慢慢改变对工作的看法和态度。对于足球选手来说，日常训练中的仰卧起坐是最无聊、最枯燥的，却是每日必须训练的一项，那些优秀的运动员往往优先做这一项，事实上它很快就会过去，他们也可以享受接下来所有的训练活动，这点小改变对整个训练的感觉产生了很大的不同，而那些平庸的运动员不得不整天都在担心，因为他们把这一项留在了最后，从而使整个训练都充满了压力和焦虑。

哲学上有个经典故事，天下有两种吃葡萄的人。一串葡萄到手，一种人挑最好的先吃，另一种人把最好的留在最后吃。第一种人是很不开心，因为接下来每吃一颗都要比上一颗味道差，这就像吃惯山珍海味的人是没办法习惯吃粗茶淡饭的，吃了最甜的水果，接下来无论吃多甜的食物，都是不甜的，做完最喜欢的事情，接下来每件事情都是让人生厌的；第二种人是快乐的，因为他吃了最难吃的葡萄，接下来每一颗葡萄的味道都比上一颗要好。从最不喜欢的事做起，接下来无论做什么事情，都充满了乐趣，所以接下来他吃每颗葡萄都是欢天喜地的。

5. 我哪懂什么坚持,全靠死扛

万通集团董事长冯仑说过:伟大是熬出来的。在万通20年的晚会上,冯仑跟著名主持人崔永元说自己的创业感想,只简单地说了两个字:"死扛。"奇虎360的掌门人周鸿祎,推崇阿甘精神,他更认为成功是熬出来的。他说:"只有像阿甘那样懂得坚持的人,一步一步地走下去,才会取得最终的成功。"

也许你刚走出校门,踏进社会,正为谋职而忧心忡忡;也许你拿起几份聘书却取舍两难;也许你对别人步步高升,自己却得不到提升而困惑不解;也许你想闯荡出一番事业,却不知如何开始、如何进行;也许你已经取得了一定的成绩,却不知如何再提升一个层次……但你一定要知道的是:成功是熬出来的!

凭一部《明朝那些事儿》迅速走红的作家"当年明月",当记者问起他成功的原因,他说:"因为我不怕失败,我能熬。"

当年明月5岁的时候,他的爸爸带他去书店,他执意要买一套《上下五千年》。当时一套书的价钱是五块六,他爸当时一个月工资才30元。买书时,爸爸问:"喜不喜欢历史?"但当时的他根本还不知道历史是什么,他的爸爸还是把这套书买给了他。

上初中时,他开始读《二十四史》。看不懂,就先从《古文观止》开始看。此后,他系统地读史,每天两小时,他在大学期间就专注研究历史,只要一到图书馆,他就全心全意地研读历史。

毕业后，他考上了海关的公务员，第一月的工资6000元。这意味着他毫无生活上的后顾之忧，可以全身心地投入到自己的爱好之中。他说："从5岁开始，一直到26岁，长达20年的时间，全部投入到历史的阅读中去，我想就是一块石头，也有开窍的那一天。"

成功是熬出来的，当我们熬过沉淀的阶段，成功自然不请自到。

西方有一句谚语："罗马不是一天建成的。"人生的成功过程就是如此，必须一点一滴地积累。马克思花了整整四十年的心血才完成了《资本论》；伟大的德国文学家歌德创作《浮士德》用了五十年时间；著名科学家、气象学家竺可桢坚持每天记录天气情况，记录了三十八年零三十七天，其间没有一天间断……

有一个年轻的画家，觉得自己的画作是天下最好的画，自己的天资是古今无人能比的，而自己的画卖不出去的原因就是别人的眼光太庸俗，不懂得欣赏自己的画。但是时间一长，由于画卖不出去，这个画家又不会干其他的事情，就变得越来越穷，住最便宜的旅馆，甚至有的时候连饭都吃不上。

这让他很为难，于是他不得不去找一位老画家请教，当他见到了老画家之时就谈起了人们不懂欣赏的心态，这个年轻的画家说："为什么我用一天时间来画的画，用一年也卖不出去呢？"老画家笑着说："你把这两个时间倒过来试试。"年轻的画家如醍醐灌顶，原来不是没人欣赏他的画，而是他的画现在根本不值得欣赏。于是他回去就潜心作画，精雕细琢，每一幅画都画得十分用心，终于能以高额的价位卖出去，自己也成了著名的画家。

"水滴石穿"，水滴没有太大的威力，却懂得一个"熬"字。水滴虽小，却从不妄自菲薄，自暴自弃；它不急不躁，永不气馁，始终如一，矢志不移，有一个不达目的誓不罢休的坚定信念。那些失败者之所以失败，最重要的原因就在于他们缺乏耐心而急于求成。当他们等待一段时间，依然没能取得成功的时候，往往就会放弃，或者是转向其他的方向。这才是失败的根本原因。

事实上，"熬"是最难做的事情，需要熬过无聊，熬过痛苦，熬过一点一滴的时间。人生就像一场马拉松，在长跑的过程中，必定是枯燥乏味的，然而最后的胜利只属于"熬"到最后的人。出人头地的秘诀有两个——第一个是坚持到底，永不放弃；第二个就是当你想放弃的时候，回过头来看看第一个秘诀。唯有如此，方能成功。

● ● ●

6. 打垮你的不是灾难，而是不善自制的情绪

为什么有的人能够有所作为，有的人却碌碌无为？情商研究专家告诉我们，除了机遇不同外，最重要的一点就是有的人情商高、自制力强，而有的人自制力差，老是放纵自己，只做自己高兴做的事。

要培养自制力，就必须用意志力来约束自己，意志力和思想一样，不

是与生俱来的，而是在社会实践中逐步培养和锻炼出来的。要增强自己的自制力，就要从日常生活的一点一滴做起，学会克制自己，学会控制自己的情绪。

生命的品质取决于你对自己情绪的掌控情况。人之所以活得如此痛苦，最主要的原因就是我们过于放任自己的情绪。

现实中，很少有人能有意识地主动控制自己的情绪。大部分人都是让情绪控制自己。如果一个人能随意地进入生龙活虎的状态——乐观、自信、兴奋、充满活力，那该多好啊！这样，你控制了自己的情绪，也就控制了局势，就能把握自己的人生。

在一次美国大学生的橄榄球赛上，夏威夷大学队与怀俄明大学队对抗。到中场时，夏大队惨败，比分为0:22，几乎溃不成军。夏大队球员进入休息室后很是沮丧。

夏威夷大学队的教练狄克·屠迈看着队员们垂头丧气的样子，心想，除非消除他们颓丧的情绪，否则，照这样的情形打下去，很可能会惨败。因为如果所有队员全都泄气了，是不可能赢得比赛的。

这时，屠迈教练拿出一张海报，上面贴满了多年来他搜集的剪报文章，每一篇都是从落后到扭转败局、最后赢得胜利的故事。球员们看过这些报道后，屠迈教练决定一点一滴地帮助他们重建信心——他相信必能扭转大家颓丧的情绪，焕发他们的斗志。

下半场，夏威夷大学的队员不再沮丧，而是个个犹如猛虎下山，掌握了进攻的主动权，让怀俄明大学队一分未得，终场以27:22获胜。

夏威夷大学队获胜的根本原因是队员在屠迈教练的帮助下，调整了自己的情绪，由原来的沮丧变成高昂，由垂头丧气变成信心百倍，从而一举扭转了败局。

我们生活在这个瞬息万变的社会中，情绪也如同变化万千的气候，也是在不停变化的。当你的情绪处于进取的状态时，自信、快乐、兴奋让你的能力源源不断地涌出；当你的情绪处于低落期时，沮丧、恐惧、悲伤、烦躁使你浑身无力。

生活中有很多因为控制不好自己的情绪而留下人生遗憾的人：他们有的是因为工作中的稍微不如意而与上级顶撞丢掉饭碗，有的是因为没有办法控制自己失恋引发的消沉情绪而自甘堕落，还有的是因为情绪变化无常而受到同事冷落。

负面情绪的引发原因和表现形式多种多样，但是归根到底都是因为无法良好控制情绪而使得自己受到很大的伤害和损失。

刘备历尽艰辛，终于拥有了东西两川和荆州之地，恢复了汉室。然而由于关羽的失误，荆州被东吴所夺，关羽也被算计杀害。

刘备听闻，悲愤交加，立刻要起兵伐吴，发誓要为关羽报仇。

赵云劝说道："当今的国贼是曹氏，并非孙权。曹操虽然死了，但曹丕却篡权自立为帝，人神共怒。陛下应该讨伐曹丕，而不是剑指东吴。倘若一旦与东吴开战，就不容易立刻停止，其他大计就无法实施。还望陛下明察。"

刘备心知这番话的道理，确是审时度势之言。然而，兄弟之情让他的心中已充满了复仇的冲动，一心向战。他对赵云说："孙权杀害了我的义弟，还有其他忠良志士。这是切齿之恨，只有食其肉而灭其族，方能消除我心中的仇恨。"

赵云再劝道："曹丕篡汉的仇恨，是大家的仇恨；兄弟之间的仇恨，是私人的仇恨。希望陛下以天下为重。"

刘备甩袖反问："我不为义弟报仇，纵然有万里江山，又有何益？"

遂起兵伐吴，欲扫平江东。但最后落得个火烧连营，白帝托孤的下场。

刘备的这一决定显然不是建立在冷静的心态之上的，他已完全被自己悲伤和愤怒的情绪控制，冲动办事。由此导致了他失去应有的理智，丧失了审时度势的能力。不但复仇未成，还把自己的性命赔上，而初有所成的蜀汉帝业也受到重创。

这样的失败对于刘备而言，可以说是灭顶之灾。冲动办事的结果常常是彻底的失败，且越冲动，造成的损失越大。

冲动是一种最具破坏性的情绪，它给人带来的负面影响远远大于我们的想象。在生活中，将人们击垮的，有时并不是那些大的灾难，而是不善自制的性情。

英国伟大的政治家约翰·米尔顿说："一个人如果能够控制自己的激情、欲望和恐惧，那他就胜过国王。"

因此，只有能控制自己情绪的人，才能把握自己的未来。

● ● ●

7. 生活是一场没有备用琴的演奏会

人生就像是一首曲子，中途即便有停歇，但最终还是要演奏完的。不管我们的人生当中有怎样的插曲，都不能影响我们人生的主旋律。在荷兰的阿姆斯特丹有一座建于15世纪的老教堂，它的废墟上留有这样一行字：
"事情既然如此，就不会另有他样。对必然之事，且轻快地加以承受。"语
句虽然简短，但是道理却很深刻——有生之年我们势必会遇到许多不快，
它们是我们无法选择也无可逃避的，这时我们只能学会接受它们。接受必
然发生的事实，好好地把握现在，这是克服任何不幸的第一步。

　　不管眼前有怎样的困境，是什么伤痛袭击了我们，人生终要继续，
我们的青葱岁月仍旧青葱。未来的我们还有希望，还有大好的时光，学
着接受，学着改变，才能学会成熟，步入下一个人生阶段，演奏出完美
的乐章。

　　小提琴上的A弦断了，演奏还能继续吗？在这种情况下，一般演奏者
会停下来，换一把提琴再演奏。如果不巧找不到一把适用的小提琴，那么
这支曲子也就只好到此为止了。不过，世界著名小提琴家欧利·布尔告诉
我们"就算弦断了，也要把曲子演奏完"，当然这也缔造了他的成功。

　　一次，欧利·布尔在法国巴黎举行了一场万人瞩目的音乐会。当时欧
利·布尔演奏得非常投入，饱含深情，听众们也听得很入神，不料突然发
生了意外状况：一首曲子还未演奏完，小提琴上的A弦却断了。

　　面对突如其来的意外，周围的人异常紧张，他们不知道欧利·布尔该
如何"收场"。如果处理得不好，就可能影响到整场音乐会，甚至影响到
欧利·布尔日后的音乐生涯。就在"知情人"焦虑和观望的时候，欧利·布
尔却丝毫没有在意那根断了的A弦，他从容不迫地继续演奏了下去。

　　当欧利·布尔演奏完毕后，整个音乐厅回响着热烈的掌声。后来，有
记者采访欧利·布尔时问及此事，欧利·布尔淡淡一笑，回答道："要不然
怎样呢？难道我就不继续演奏了？这就是生活，如果你的A弦断了，就用
其他三根弦把曲子演奏完。"

　　A弦断了，这对任何小提琴手来说都是一件糟糕的事。试想，如果欧

利·布尔沮丧并自暴自弃地说："完了，我真倒霉，这可怎么拉下去啊！"那么他就真的完了，不仅会影响到音乐会的效果和自己的前程，而且还会陷入抱怨和诅咒命运的怪圈，自卑自怜地度过一生，成为一个懦夫和失败者。

浪漫主义派诗人雪莱说："冬天过去了，春天还会远吗？"大自然是非常奇妙的，它无时无刻不在运动当中，季节是轮回的，周而复始，生生不息。

没有什么是静止的，人生亦是如此。人生和大自然一样，有些时候，我们运气好得就连做梦都会笑醒；可有些时候，我们也会被接连而至的苦痛折磨得身心俱损。

塔金顿是美国的一个著名小说家，他常说："我可以忍受一切变故，除了失明，我绝不可能忍受失明。"可是在他60多岁的时候，他有一天扫视了一下地上的地毯，竟发现自己看不清地毯的颜色和图案。去医院检查，医生告诉他一个不幸的消息：他的视力正在减退，其中一只眼已几近失明，另一只也快瞎了。

最恐惧的事发生了，塔金顿对这最大的灾难会如何反应呢？他会觉得"完了，我的人生完了"吗？答案是完全不是，他知道自己无法逃避，所以唯一能减轻受苦的办法，就是坦然地去接受它。为了恢复视力，塔金顿在一年之内做了12次手术，而且他没为这事烦恼，他还会努力鼓励病友们振作起来。眼球里有黑斑浮动，会挡住塔金顿的视线，当有人问他是否感到不便时，他还因此发挥了一把幽默："当它们晃过我的视野时，我会说：'嗨！天气又这么好，你要到哪儿去？'"

如此乐观的人，还有什么灾难不能克服？塔金顿说："正如别人能够承受所遭受的不幸一样,我也能坦然直面我的失明。即便我的五种感官全部丧失了功能,我还可以靠思想生活。这件事教会我如何忍受,而且使我了解到,生命所能带给我的,没有一样是我能力所不及而不能忍受的。"

心理学家阿佛瑞德·安德尔说过:"人类最奇妙的特性之一,就是把负的力量变成正的力量。"塔金顿的个性正是如此,遭遇了自己最恐惧的事,他没有逃避,没有抗拒,而是平和地接受了无法改变的现实,想到的是如何从这种不幸中脱离出来,如何改变自己的命运,进而享受到了生命的乐趣。

"天穹之下疾病多,有的易治有的难。有治就把良方寻,无治不必硬勉强。"是的,许多的经历,我们是无法逃避的,也是无所选择的。接受不可避免的事实,积极进行自我调整,遇到糟糕的事情才能"柳暗花明又一村",才能掌握好人生的平衡,才能最终改变自己的命运。

我的低调
要让全世界
都知道

第三章

这点小亏不算什么，
当时忍住就好了

1. 福兮祸所倚，祸兮福所伏

"难得糊涂"与"吃亏是福"是郑板桥曾经书写过的两幅志趣相同的条幅。前者广为流传，家喻户晓，被世人奉为处世哲学。相比之下，"吃亏是福"得到认可的人数却少得多。

其实，天上的日月不可能永远盈，也不可能永远亏，天道尚如此，人间更难离这个规律。

所以人们对盈亏，不要过于计较，因为很多时候，看似吃亏，实际上是一个得到补偿的过程。

佛罗里达州有一位农夫，买到了一块非常差的土地，那片地坏得使他既不能种水果，也不能养猪，那里能生长的只有白杨树及响尾蛇。但是他没有因此而沮丧，而是冥思苦想以图改变目前的这种状态，他要把那片地上所有的东西变作一种资产。

很快，他想到了一个好主意，他要利用那些响尾蛇。他的做法使每一个人都很吃惊，因为他开始做响尾蛇肉罐头。他的生意做得非常大。他养的响尾蛇体内所取出来的毒液，运送到各大药厂去做治蛇毒的血清；响尾蛇皮以很高的价钱卖出去做女人的鞋子和皮包。

装着响尾蛇肉的罐头送到全世界各地的顾客手里，有很多人买了印有那个地方照片的明信片，在当地的邮局把它寄了出去。每年来参观他的响尾蛇农场的游客差不多有两万人。为了纪念这位先生，这个村子现在已改名为佛州响尾蛇村。

看了这则故事，谁能说这个农民是吃亏了呢？"福兮祸所倚，祸兮福所伏。"正是因为有了前面的痛苦的"吃亏"，才有了后面的受益。能吃亏的人不会用种种负面的假设去证明自己的正确——"社会太不公正""我总是吃亏""我处处不如意"——他们很乐意承认自己的亏损，同时想办法改变这一亏损。吃亏不是一种消极、颓废，不是悲观、懦弱。相反，它是一种执著追求的精神，一种为人处事的风格，更是一个人安身立命的永久鞭策。这样的吃亏就是福。

"满者损之机，亏者盈之渐。损于己则益于彼，外得人情之平，内得我心之安。既平且安，福即在是矣。"这是郑板桥写给一个叫郑煊的远亲的勉词。

有一次郑煊做木材生意，货运到外地，货价狂跌，眼看就血本无归。这时，郑板桥便送给郑煊这幅勉词。果然应了郑板桥的话，没过几天，木材的价格突然涨起，郑煊意外地发了财。他认真思考着郑板桥给他的题词，从中体会出了人生哲理，并将题词作为家训，刻在墙壁上以示后人。

也许你认为"吃亏是福"是一种"傻瓜"行为，只有精神不正常的人或者傻到极点的人才能认为"吃亏是福"。把"吃亏"当成"福气"对待，首先就要"损于己"，方能"益于彼"，然后"外得人情之平"。吃亏意味着舍弃与牺牲，一个一点都不懂得忍让的人，一个永远都咄咄逼人的人，只会让人觉得了无情趣。过于计较，得失心太重，反而会舍本逐末。当失误摆在面前，而且很快找到教训后，就应该迅速将这件事沉淀下来，找到下一个出口了。过多的计较会使自己陷入过往的沮丧情绪里，这种情绪会抑制我们的自信，甚至影响判断。这正应了那句话："在你错过太阳时，你选择沮丧，那么你又要错过星群了。"因此，承受吃亏也是一种自信的表现。这种做法需要勇气，也需要超脱，更是一种智慧。

有时，退一步，让自己在海阔天空中放松，无论是心情还是人情，在看似吃亏的过程中，已经得到了补偿。你得到的东西没有得到，你认为自己是"吃亏"。越是得不到的东西越想得到，你自诩为这才是一种"福"。其实未必得到的就是"福"，有时失去也是一种"福"。塞翁失马"亏"了什么？又"得"到了什么？

天下本无事，庸人自扰之。为人处事要潇洒豁达，拿得起放得下，坦然面对眼前的一切境遇，不要认为吃亏而怨天尤人，这样，你自然心境开朗。

真聪明者愿意吃亏，因为吃亏虽然有暂时的舍弃与牺牲，但却会有长久的收益，因此，他们根本不会把时间浪费在眼前的方寸之间，而是高瞻远瞩，做一个长远的计划。

● ● ●

2. 便宜给别人，器量给自己

吃亏其实也包含了豁达和宽容，而且还要加上理智和自我克制。面对吃亏的豁达，是一种以个人能力为基础的自信，但这种自信并非人人都有。佛经云："心包太虚，量周沙界。"你能把浩渺宇宙都包容在心中，那么你的心量自然就能如同虚空一样广大。另有一首打油诗说:"占便宜处失便宜,吃得亏时天自知;但把此心存正直,不愁一世被人欺。"

凡是宽容之人,都不怕吃亏,不会斤斤计较一些无足轻重的小事。吃亏是福道出的是一种豁达洒脱的处世态度,敢于吃亏也是一种做人的方法,是宽容性格的一种体现。做人的可贵之处是乐于退让,自己主动吃点亏,往往能把棘手的事情做好,能把很难处理的问题顺利解决。

能吃亏的人必然有一种博大而深邃的胸怀,是获得别人尊重的标准之一。历史上,很多不怕吃亏的人因为器量宽宏而流芳后世。王旦就是这样的一个人。

王旦和寇准是同时代人,又都是重臣,而两个人的性格迥异,一个刚直不阿,一个虚怀若谷。两个人同朝为臣,谁会比较"吃亏"一些呢?

寇准和王旦,几乎是同时期选拔上来的。寇准的地位原在王旦之上,宋太宗晚年即被任命为参知政事(副宰相),只因寇准经常犯颜直谏,同僚之间他也是直言不讳,所以得罪了很多人,用现在的话说就是:寇准的人脉网几乎是一团乱麻。人际关系不太好,自然屡被贬斥,几上几下。

真宗赵恒登上帝位后,毕士安为相,赵恒问毕士安:"谁可与你同时入相?"毕士安推荐寇准,说寇准"兼资忠义,能断大事,臣所不如"。开始赵恒不太同意,说:"闻准好刚使气奈何?"毕士安说:"准忘身殉国,秉道疾邪,故不为流俗所喜,今北方未服,若准者,正宜用也。"为了考察寇准,赵恒先委任寇准为三司使,是个管财经的职务,赵恒的目的在于"先置宿德以镇之"。继而委以中枢大任,掌管军事。赵恒本来想重用寇准,但有王钦若等人的挑拨,改派寇准领兵北方,出镇天雄军,时称准为"北门锁钥"。就是在这个背景下,王旦认识了寇准。

王旦用人的标准,不是"唯才是举",而是"才德兼备";不是以个人恩怨为标准,而是以能否胜任为标准。包括反对过他的人,他也不计前嫌。而其中最典型的，恰恰是对寇准的任用。

寇准调到中央枢密院任职，王旦则升任"工部尚书，同平章事"，主持中书省，分管政务，二人实为同僚。寇准"数短旦"，而王旦却"专称准"。赵恒觉得奇怪，问王旦："你虽然经常表彰寇准，而寇准却多次讲你的坏话，是怎么回事？"王旦对此毫不在意，反而说："这是情理中的事情，我当宰相时间很长了，工作中失误一定很多，寇准对陛下如实反映意见，更可体现他的忠直，所以我更加敬重他。"从此赵恒稍稍改变了对寇准的看法，也更加尊重王旦。

王旦做人非常大度，中书省（王旦主持）送交枢密院（寇准主持）的文件违反了规格，寇准马上将此事向赵恒汇报，王旦因此受到责备，具体承办这项工作的人则受了处分。事隔不到一个月，枢密院有文件送中书省，也违反了规格。办事人员很高兴地把这份文件呈送王旦，王旦却不去告发寇准，而是将文件退还给枢密院，请他们主动改正。对这件事，寇准十分惭愧，再次见到王旦后，就称赞王旦度量大，王旦只是默然不语。后来，寇准升任武胜军节度使同中书门下平章事，寇准感谢皇帝道："不是陛下了解我，如何能得到如此重用。"皇帝对他说："这是王旦推荐你的啊！"寇准更加愧叹、敬服王旦。

寇准的性格直率，他看不惯的人决不姑息，因此经常和三司使林特争辩。林特为人奸险，善于迎合，正受到赵恒恩宠，所以又引起赵恒对寇准的不满。于是，赵恒对王旦说："寇准不断和我闹别扭，原以为他随着年事的增长会有所收敛，现在反较先前变本加厉。"王旦为寇准解释说："寇准总想要人尊重他、怕他，这些作为大臣都是应当避免的，这是他的短处，不是陛下宽大仁厚，他岂能得到保全呢？"这话使赵恒的气消了不少。寇准也因此没有受到处罚。

王旦经常生病，一次，病情十分危急，赵恒于是问谁可代替他的职务。王旦请皇上选择，赵恒先提名张咏，王旦不点头，又提名马亮，王旦也不点头。皇上说："那么，你看哪一个可以？"王旦勉强地站起来手捧笏板慎重地说："以臣之愚，莫如寇准。"皇帝不高兴，停了一会儿，说道："准性刚褊，愿思其次。"王旦说："其他的人我就不知道了。"

这就是王旦，一个不善于计较、甘愿吃亏的人。他的这种吃亏绝不是一种唯唯诺诺、低声下气，软弱和怯懦，而是一种胸怀、一种品质、一种风度。正因为他的乐于吃亏，他获得了寇准的钦敬，获得了赵恒的尊重。

寇准虽然正直，但是却过于霸气，与人交往自然以自己的心愿为准，经常受人指摘也就在所难免。而王旦恰恰成了他的反面教材，他隐忍、大度，不在乎吃亏，他在当时的朝中以及后世更受到人们的推崇。做人不怕吃亏，凡事不斤斤计较，可以荡涤我们的名利思想，对于平和浮躁的心态大有裨益，从而使我们更易于取得成功。

老子说："天长地久。天地所以能长且久者，以其不自生，故能长生。是以圣人后其身而身先，外其身而身存。非以其无私邪？故能成其私。"天地之所以能够长久，就是因为天地不为自己而活着，也正是因为不为自己生存，它反而能得以长生。假如人能像天地那样不把自己的利益放在前头，就会赢得大家的尊敬和信任；要是总把别人的冷暖放在心头，就会被大家拥戴为首领；要是从来不打自己的小算盘，也许更易于成就一番自己的大事业。

吃亏并非收获的都是损失，更多的体现了一种成全他人的品德，而且从中会得到长远的回报。"吃亏是福"也不是简单的阿Q精神，而是福祸相依的生活辩证法，是一种深刻的人生哲学。相信"吃亏是福"，可以使心胸变得宽阔，心态更加乐观、积极，而且当自己遇到困难时，也能得到更多人的真心帮助。

要想让自己成为一个具有"不怕吃亏，凡事不斤斤计较"的人，就要做到平时不要太过和人计较，要经常原谅别人的过失。但是大事也不要糊涂，要有是非观念；不为不如意事所累，不如意事来临时，能泰然处之，器量自可养大；受人讥讽恶骂，要自我检讨，不要反击对方，器量自然日夜增长。

●　●　●

3. 好东西要舍得与别人分享

无论信息、金钱或工作机会，懂得分享"好东西"的人，最终往往可以获得更多。这样的人犹如芬芳诱人的花朵，吸引着人们走向他们。有自私心理的人，会害怕自己努力得到的东西白白让别人知道或分享，害怕别人踩在自己的肩膀上超越了自己。而自私的人的心理终将会导致他们走向失败。

微软Windows操作系统的火爆，让微软大赚了一笔，但实际上，微软与所有硬件厂商和软件厂商分享着Windows操作系统火爆的商机。现在，很多硬件厂商的产品都支持微软的所有操作系统和软件，所有的软件厂商的产品也能在微软的操作系统中运行，这就是微软的分享精神。微软创始人比尔·盖茨也是一个懂得与员工分享财富的人，他愿意把公司股份分给有创意的员工，微软公司的员工因此有了极大的积极性，这才有了微软的今天。

位于美国西部的芝加哥电力分公司，会计部每个月都要做细密而且复杂的员工薪金计算。会计部一位资深的老职员根据多年的经验，总结出一套非常简便的薪金计算方法。

但是，对于这项新发明的方法，他一直是保密的，绝不透露给其他的人。而他的最终目的就是，使自己长久地成为会计部不可缺少而且不可替代的职员。

沃鲁达·基路德毕业后，不顾家人的反对，进入这个电力公司做事。他想，一位老职员都可以想出一套简易计算方法，大学毕业的自己也一定可以想出来。

此后的一段时间里，他利用夜晚时间，研究简易计算方法。最后，他终于也想出了这种计算方法。然而，他并没有像那位老职员那样，把这一方法据为己有，而是毫无保留地告诉了同事们。因此，他代替了老职员，而且有了可以提升职位的机会。

当奥玛哈分公司的经理职位需要人时，最高管理层把职位交给了年轻的基路德。这是他事业生涯的第一步，在以后的日子里，他步步高升，40岁时就担任了美国电报电话公司的董事长。

没有人能够独自走向成功，一个人的力量就算再大，也不可能通过自己拥有的一点儿成绩创造奇迹。要让自己取得更大的成功，就要学会与他人分享自己的成果。

当我们快乐的时候，如果这快乐没有人共享，我们就会感到一种欠缺。譬如说，我们独自享用一顿美餐，无论这美餐多么丰盛，我们也会觉得有点凄凉而对美餐无法下咽。如果餐桌旁还坐着我们的亲朋好友，情形就大不一样了。

诺贝尔小时候成绩总是第二名，取得第一名的总是他那个叫柏济的同学。有一回，柏济生病了，有人对诺贝尔说："第一名非你莫属了！"而诺贝尔并没有为柏济的生病幸灾乐祸，而是把自己做的笔记拿给生病的柏济看。

期末考试的时候，诺贝尔依旧是第二名。后来，他成为了著名的化学家和企业家。死后，根据他的遗愿他的财产被设立为诺贝尔奖，分享给了世界，也因此赢得了世界的尊敬。

霍华德·加德纳曾经说过："想让自己的心灵照进阳光，先要打开一条对外的缝隙。"心里充满了爱，我们就会想到分享自己的成果，然后，我们一定能收获分享的快乐。

在生活中，我们只要乐意与别人分享，分享快乐，分享亲情，分享成功，分享喜悦等一切成果，就会在分享中获得人生的真谛。正如一个苹果一个人吃了就只是一个人体会到了苹果的美味，但若是把它和别人一同分享，那就有了许多体会，就有了交流的空间。分享可以使我们拥有更多。当你把自己的幸福拿出来与别人分享，不但可以体会到分享的乐趣，还能体验到一种友情，这种友情让我们收获大于两倍的幸福。

而分享最重要的是能够让我们获得强大的内心，当我们主动与他人分享自己的成果的时候，体现的是自己心胸的宽广，我们自己也能感受到豁达的力量。

4. 你对我好一分，我对你好一寸

一个人做生意赔了钱，他向自己的几位好朋友借钱，都遭到了婉拒。后来，他向一位平时交往不多的朋友开了口，对方毫不犹豫地把钱借给了他，让他渡过了难关。他发自内心地感激这个朋友。后来，他发达了，也从未忘记这个朋友对自己的帮助，每当朋友有困难时，他都第一时间出现。他的这个朋友因为送了一次人情，便多了一条路。

人情，讲的就是人与人之间的情谊，所谓情谊，都是相互的。生活中，我们多送一份人情，也将多收获一份人情，无意中，为自己多开了一条路。

一个生活贫困的男孩为了能攒够下学期的学费，不得不挨家挨户地推销各种商品。然而那天他的推销很不顺利，以至于他感到有些绝望。

傍晚时分，奔波了一天的他感到万分疲惫，饥饿难耐，于是他怯生生地敲开一扇门，难为情地希望主人能给他一杯水喝。开门的是一位美丽的年轻女子，她看到男孩疲惫不堪的样子，还背着一大堆等待出售的商品，就请他进来坐下，她先给他倒了一杯浓浓的热牛奶，然后又去厨房给他端来一大块面包和一些黄油，她怕他不好意思在她面前吃，就体贴地让他尽管在这里慢慢吃，然后自己就去了隔壁的房间。那一刻，疲惫的男孩万分感激，他吃完后，走过去跟女子道过感谢，又充满信心地去推销了。

许多年以后，男孩成了一位著名的外科大夫。请他做手术的人都需要付一大笔手术费。

一天，一位妇女因为病情严重，当地的大夫却束手无策，几经周折，被转到了这位著名的外科大夫所开的医院里。外科大夫认真地做完手术，才有空打量一下他的病人，然而他吃惊地发现，这个病人正是多年前帮助他的年轻女子！因为当年那一顿简单的晚餐，他才鼓足了对生活的信心，成就了自己。

所以，当那位妇女躺在病床上、为昂贵的手术费发愁时，她的家人却在护士送来的结算单上看到一行字：手术费，一大块面包和一杯热牛奶。

帮助别人就是帮助自己。有人说："人生就像大山里的回音，你送出什么，它就送回什么。"不管我们从事着什么样的职业，如果我们想寻找好的方法，让自己在自己的道路上获得很好的收获，那么我们就应该学会善待每一个人；在周围的人遇到需要帮助的情况时，我们要不吝惜地送出人情，总有一日，我们就能收获自己种下的因果。送人情，其实就是做一种感情投资。

一位年轻人为了创业，承包了一家电气公司。他经营公司非常细心，并且为人处世没有架子。不仅对客户没有架子，在公司员工面前也没有架子。他非常用心地将电气公司里的所有员工资料调查了一遍，了解了所有员工的情况。以此来增进自己和员工之间的感情。

每当他知道公司里的员工出现了什么样的困难时，他都尽自己最大的努力去帮助。他还经常组织节假日活动，邀请员工一起参加。他手下的员工得到晋升，还会收到额外的礼物。

他没想到自己这么做竟收到了意想不到的效益。

金融危机到来，同行的公司纷纷倒闭。但他的公司中，员工主动要求降薪，希望与他共渡难关。公司因此熬过了一劫。

　　我们每个人其实都需要别人的帮助，想要得到更多的帮助就应帮助更多的人，救他人于危难之中，以此来得到人缘、声望以及信誉，留下人情，为自己多开一条路。求人是被动的，但如果别人欠了我们的情，在遇到困难时，求别人帮助会容易很多，有时候，即使自己不开口，别人也会主动帮助。

　　不要吝惜人情，对于一个深陷困境的人来说，一句安慰的话语，一杯水的问候，都可能会收到意想不到的效果。并且，做这些事情，只是举手之劳。

　　"多一个朋友多一条路"，朋友怎么来的？送人情送出来的。多送人情，就能比别人多出很多方便之路。因一件微不足道的小事结下的良好友谊，可能会改变我们的人生。

● ● ●

5. 向生命里的荆棘说一声谢谢

　　约瑟夫·艾迪逊曾说："真正的幸事往往以苦痛、丧失和失望的面目出现，只要有耐心，就能看到柳暗花明。"一个人在痛苦中懂得的东西，永远比在欢乐中懂得的要多。因为欢乐只能让他享受人生，而痛苦却能让他读懂人生。

受过伤，才会有今日的坚强。亚圣孟子曾言："天将降大任于斯人也，必先苦其心志，劳其筋骨，饿其体肤，空乏其身，行拂乱其所为。"上天在将你推向一个巨大的舞台时，首先会让你经历许多磨难或者挫折，当你通过这些考验后，收获的则是改写历史的机会。

人的成长在于经历，个人的经历有多有少，有浓有淡，有顺有逆，有成有败，喜怒哀乐愁尽在其中。任何经历，无论是成功或者失败，总会在你人生的轨迹上留下些许痕迹，让你在蓦然回首时从中受益。

苏轼是中国文学艺术史上少有的全才，在诗、文、词、书、画诸多方面都取得了登峰造极的成就，也是中国数千年历史上被公认为文学艺术造诣最杰出的大家之一，"其文涣然如水之质，漫衍浩荡，则其波亦自然成文"，与其父、其弟同在"唐宋八大家"之列。他和韩愈的文章纵横捭阖，读来如潮如海，波澜壮阔，因此有成语"韩海苏潮"来形容他们文章非凡的气势。

其实，他人生的升华、真正的成熟，得益于经受过诸多人生的苦难，并积极看待那些苦难，从而真正地脱胎换骨。

"乌台诗案"是影响苏东坡一生的重大事件。

为解决宋朝积贫积弱的状况，宋神宗任用王安石实行变法。然而，由于变法中某些条款不合时宜，并存在严重的用人不当的现象，苏轼并不赞成王安石的新法，于是在1079年的3月，苏轼被贬调湖州。从此，苏轼的不幸真正开始了。

在湖州任职时，由于小人的断章取义和嫉妒他文名太盛，苏轼以"诗文讪谤新政"的罪名被捕。拘捕他的人来势汹汹，苏轼见此情形心神大乱，不知如何是好，竟不敢出去拜见公差。在得知不会被判处死罪，只是拘捕回京之后，他才松了一口气。

在押解进京至太湖时，苏轼寻思自己必定会被交付有司审讯，那样的话牵涉的人会相当多，还不如闭着眼睛跳入太湖，这样痛苦也只是暂时的。然而，他又想到自己和弟弟苏辙感情深厚，如果自己寻了短见，弟弟也不会独生，那样就会因为自己一时的软弱而枉送了弟弟的性命。在这种矛盾的心态中，他被带回了京城，被关押在御史狱中。在监狱中，苏轼受到了非人的折磨，审讯者对他通宵辱骂。一位和他被关押在同一监狱、只有一墙之隔的官员写道："遥怜北户吴兴守，诟辱通宵不忍闻。"可见，对苏轼的摧残和折磨竟然到了令人不忍听闻的地步，惨绝人寰！

　　他的对手必欲置之死地而后快，苏轼料想自己难逃此劫，便在狱中收集了一些平时服用的丹药以备不虞：一旦确定自己被判死罪，为了避免遭受更多的痛苦，他将服食丹药自杀。然而他骨子里的儒家风范让他坚忍从容，他选择了活下来。

　　在等待最后判决的时候，由于生死未卜，他让每天到监狱给自己送饭的儿子苏迈打探消息。由于父子不能见面，所以他们约定：如果安然无事，就送蔬菜和肉食；如果消息不好，或者被判死罪，就送鱼。一日，苏迈因出京去借银钱，便委托一朋友代为送饭，但是他却忘记告诉朋友他们父子之间的约定。很凑巧，这位朋友当日送饭时给苏轼送去了一条熏鱼。苏轼一见大惊，以为自己必死无疑，便写下了诀别诗两首，题为"狱中寄子由二首"。其一："圣主如天万物春，小臣愚暗自亡身。百年未满先偿债，十口无归更累人。是处青山可藏骨，他年夜雨独伤神。与君今世为兄弟，更结来生未了因。"其二："柏台霜气夜凄凄，风动琅珰月向低。梦绕云山心似鹿，魂飞汤火命如鸡。额中犀角真君子，身后牛衣愧老妻。百岁神游定何处？桐乡应在浙江西。"诗作完成后，狱吏按照规矩，将诗篇呈交神宗皇帝。宋神宗读到他这两首绝命诗时，感动之余，也为他的才华所折服。

　　当时，为了挽救苏轼，当朝的很多人仗义执言，为其求情，甚至连身患重病的曹太后也出面干预，王安石也劝神宗说不应当诛杀名士，神宗于是下令对苏轼从轻发落，贬到黄州担任团练副使，但不准擅离该地区，并且无权签署公文，轰动一时的"乌台诗案"就此结案。

九死一生的苏轼来到了黄州，在这里他虽然充任团练副使，但实际上他就是一个犯官，受到监督，不能擅自离开，缺乏人身自由，想"致君尧舜上"，为老百姓做点事情，也没有权力签署公文，而且连俸禄都没有。为了维持生计，他在朋友的帮助下申请到了一些废地，自己和家人开垦耕种，并自得其乐。由于这地在黄州城东，所以他称之为"东坡"。而且，他还在这儿搭建了一座茅屋，题名为"东坡雪堂"，给自己也起了一个别号"东坡"。

苏轼劫后余生保全了性命，也暂时离开了尔虞我诈的官场。尽管他穷困潦倒，贫病交加，但在这里他真正找到了属于自己的天地，他真正成熟了。他初来时，也曾慨叹"长恨此身非我有，何时忘却营营"，也曾"羡长江之无穷，哀吾生之须臾"，也想着驾驶着一叶扁舟，在江海中了却余生。但是他并没有消沉，怨天尤人，自暴自弃，而是积极地看待这些人生的苦难，认真反思自己，尽力营造生活的乐趣，积极探索生命的意义，极力使自己成为艰苦生活的主人。

他曾有一首《定风波》：

莫听穿林打叶声，何妨吟啸且徐行。竹杖芒鞋轻胜马，谁怕？一蓑烟雨任平生。

料峭春风吹酒醒，微冷，山头斜照却相迎。回首向来萧瑟处，归去，也无风雨也无晴。

写这首词时，他被贬谪黄州已经两年了，处境依然险恶，但是他心胸开阔，旷达乐观，虽然承受了人生灾难与厄运，但对人生的风风雨雨却是任其自然，不怕挫折，边歌边行，回首去看来时的萧瑟，只不过是"也无风雨也无晴"。他的这种超然物外、旷达潇洒、积极乐观、坦然自若使自己脱胎换骨，真正成为了一个千古绝版的苏东坡。

宋哲宗绍圣元年（1094年），苏轼因朝廷党争被再贬惠州。惠州虽然瘴疠横流，但苏轼的心态却变得更为平和，他已然不再将苦难当作折磨，内心极为平和，他认为岭南也是很好的地方，"此心安处是吾乡"，自己心灵栖息的地方就是自己的家乡。为了"日啖荔枝三百颗"，他也"不辞长作岭南人"，而且"请终老于斯游"。他这种对待人生苦难的积极豁达、随遇而安以及乐天知命更加令人敬仰。

宋哲宗绍圣四年（1097年），苏轼第三次被贬谪，这次他的目的地是更加遥远的儋州，儋州即海南岛。以今人的眼光看来，海南岛就已非常遥远，更何况在一千年前的宋朝，恐怕贬谪到蛮荒之地的儋州在有宋一朝不杀士大夫的政策下是仅次于死刑的刑罚了。在这儿，食无肉、病无药、居无室、出无友、冬无炭、夏无寒泉。即使在这样恶劣的自然环境和物质条件下，他依然洒脱如昔："我本海南民，寄生西蜀州，忽然跨海去，譬如事远游。"谪居海南就好像是去遥远的地方游玩罢了，也不认为是在天涯万里的地方。他在这个地方顽强地生活了整整五年。

元符三年（1100年），苏轼被赦还北迁。黄州、惠州、儋州艰辛的生活、恶劣的条件以及爱妾朝云的离世等众多苦难磨炼了他坚韧不拔的意志，超然脱俗的品格，使他变得更为坚强。

无论怎样，苦难始终还在，一味抱怨反倒会使我们陷入窘困的境遇；而换个角度，积极看待，我们就会发现它是人生宝贵的财富，它会锻造我们，促使我们真正成熟，并且最终有所成就。或许，到那个时候，我们会对生活中的苦难心存感激。

6. 姿态放低点，即使失败也可有余地

某化妆品公司的经理，因工作上的需要，筹算让家居市区的推销员小张去近郊区的分公司工作。在找小张谈话时，经理说："公司研究决定，委派你去负责新的任务。有两个处所，你任选一个。一个是在远郊区的分公司，一个是在近郊区的分公司。"

小张虽然不愿分开已经十分熟悉的市区，但也只好在远郊区和近郊区中选择一个稍好点的——近郊区。而小张的选择，恰恰与公司的想法不谋而合。而且经理并没有多费唇舌，小张也认为选择了一个理想的工作岗位，双方都满意，问题得以解决。

生活中和这种情况相似的例子有很多，比如对于饭店服务员来说，客人会催问菜要做好需要几分钟，如果服务员说的时间比实际情况长了，那么上菜时客人会感到喜出望外；相反，如果服务员说的时间比实际情况短，客人会感到失望甚至是发火。

所以，聪明的服务员不会把时间往短里说，宁可先让客人有一点小失望，也不愿意菜没按时上来，让客人发更大的脾气。

为人处世，难免有事业滑坡的时候，难免有不小心伤害他人的时候，难免有需要对他人进行批评指责的时候，在这些时候，假若你处理不当，就会降低自己在他人心目中的形象。

一次，一架客机即将着陆时，机上乘客突然被通知，因为机场拥挤，

无法下降，估计到达时刻要推迟1小时。马上，机舱里一片埋怨之声，乘客们在等待着这难熬的时刻度过。几分钟后，乘务员发布通知，再过30分钟，飞机就会平安下降，乘客们如释重负，松了口气。又过了5分钟，广播里说，此刻飞机就要下降了。虽然晚了十几分钟，乘客们却喜出望外，纷纷拍手相庆。

有的时候，我们到了一个陌生的环境，比如一个刚入职场的新人，别人或许对你有很高的期望，这个时候，如果你没有把握能一下站住脚，为了避免出现让别人失望的情况，不妨先把自己的姿态放到最低，这样，当你表现不错时，别人会对你格外满意。

蔡女士很少演讲，一次迫不得已，她对一群学者、评论家进行演说。她的开场白是："我是一个普普通通的家庭妇女，自然不会说出精彩绝伦的话语，因此恳请各位专家对我的发言不要笑话……"经她这么一说，听众心中的"秤砣"变小了，许多开始对她怀疑的人，也在专心听讲了。她简单朴实的演说完成后，台下的学者、评论家们感到非常不错，他们认为她的演说达到了极高的水平。对于蔡女士的成功演讲，他们都报以热烈的掌声。

在说服对方时，先拿出一些反面的、不好的例子，这会增强你的说服力，更容易操纵对方的心理。

当事业滑坡的时候——不妨预先把最糟糕的事态委婉地告诉别人，以后即使失败也可立于不败之地；

当不小心伤害他人的时候——道歉不妨超过应有的限度，这样不但可以显示出你的诚意，而且会收到化干戈为玉帛的效果；

当要说令人不快的话语时——不妨事先声明，这样就不会引起他人的反感，使他人体会到你的用心良苦。

7. 退后一步，才能跳得更远

退步不是退却，不是懦弱无能的表示，有心人的退步是进步的策略。《菜根谭》说：退即是进，予即是得。

明朝安肃有个叫赵豫的人。宣德和正统时期，他曾经任松江知府。在任期间，赵豫对老百姓问寒问暖，关怀备至，深得松江老百姓的爱戴。

赵豫处理日常事务，有他自己的一套工作方法。每次他见到来打官司的，如果不是十万火急的事，他总是慢条斯理地说："各位消消气，明日再来吧。"起先，大家对他的这套工作方法不以为然，甚至还暗地里给编了一句"松江知府明日来"的顺口溜来讽刺他，都叫他"明日来"。

赵豫性格稳重，为人宽厚，听到这个绰号，赵豫总是淡淡地笑笑，从不责备叫他绰号的人。因为他的态度和蔼，对下属从没声色俱厉过，所以，那些下属有什么话都敢于跟这位知府老爷说。一天，一个下属问他："大人，你为什么要这样做？这样做太伤害你的名誉了。"赵豫于是解释了"明日再来"的好处："有很多的人来官府打官司，是乘着一时的激愤情绪，而经过冷静思考后，或者别人对他们加以劝解之后，气也就消了。气消而官司平息，这就少了很多的恩恩怨怨。"

退后一步，对事情进行"冷处理"，有助于缓和情绪，让问题得到更好地解决。赵豫这种"明日再来"处理一般官司的做法，是合乎人的心理规律的。经过一天的冷却，当事人都不很急躁，才能理智地对待所发生的一切。这种"冷处理"包含为人处事的高度智慧，把他用在生活中，会避免不必要的争执。

面对急躁气盛的对手，要以怀柔政策、心灵感化等软招儿取胜。《后汉书》中说："柔能克刚，弱能制强。柔者德也，刚者贼也；弱者仁之助也，强者怨之归也。"柔弱者解决矛盾靠的是"仁"，软化冲突，融解矛盾，越是刚烈者似乎越受不了软化的招法儿。以刚克刚，两强相争，必然是矛盾激化，互不相让，事情越发不好解决。世上最强大的不是刚，而是柔。正如《列子》中所说："人性婉而从，物不竞不争，柔心而弱骨，不骄不忌。"

很多寺庙里都有一个大腹便便、笑容满面、背着一个布袋子的和尚，大家称他为弥勒佛。依照我国传统的说法，布袋和尚是弥勒菩萨的化身，他时常背着袋子在社会各阶层中行慈悲、化纷争。

一天，布袋和尚正行走间，他看到了农夫在田地里倒退着插秧，心有所感，因此做了一首诗：

手把青秧插满田，低头便见水中天。

心地清净方为道，退步原来是向前。

著名的星云禅师曾对此诗进行了详细的解释。"手把青秧插满田"：描写农夫插秧的时候，一根接着一根往下插。"低头便见水中天"：低下头来看到倒映在水田里的天空。"心地清净方为道"：当我们身心不再被外界的物欲沾染的时候，才能与道相契。"退步原来是向前"：农夫插秧，是边插边后退的，正因为他能够退后，所以才能把稻秧全部插好，所以他插秧时的"退步"，正是工作的向前推进。

正如跳高、跳远，要退到后面很远的地方，在跳时才会有强的冲击力。生活也是如此，退后一步，就是为了更好地前进。一般人总以为人生向前走，才是进步风光的，但"退步"的人其实也是向前，也是风光的。古人说"以退为进"，又说"万事无如退步好"，在功名富贵之前退让一步，是何等的安然自在！在世事纷争面前退后一步，是何等的超然坦荡！在人我是非之前忍耐三分，是何等的悠然自得！这种谦恭中的忍让才是真正的进步，这种时时照顾脚下，脚踏实地的向前才至真至贵。人生不能只是往前直冲，有的时候，若能退一步思量，所谓"回头是岸"，往往会发现海阔天空般的乐观场面。做大事业，把稳正确的方向，不能一味蛮干下去，也要有勇于回头的气魄。

忍一时的不冷静，对人对己都有好处。当不愉快的事情发生后，退一步想，就会海阔天空。在现实生活中，不管你多么有能力、多么无情，总是有人比你更有能力、更加无情。拼个鱼死网破，倒不如后退几步，另求他路。

尼克松在担任美国总统之后，基辛格曾讥讽尼克松"根本没能力治理好美国"，而且在总统大选开始前曾一度反对过尼克松。但是，他的这些行为并没有影响到尼克松总统对他的重用，仍聘任他担任国家的安全助理。尼克松的这种低调处理姿态，使基辛格深为感动，倾其全力帮助尼克松总统。后来，基辛格以其渊博的知识、独到的见解、过人的胆识纵横国际政坛，成为世界闻名的外交家。而尼克松总统凭借其宽广的胸襟，不仅成就了伟大的事业，并且为世人留下了宽容的风范。

古往今来，安身处世者大有人在，曲径通幽、卧薪尝胆、委曲求全，最终成大业者都先经历过退步，而后干出轰轰烈烈的壮举。退后一步，即使一时处于低势，但在心灵上获得了某种轻松、潇洒的感觉，在精神上，则做好了向前冲的准备。

所谓"山不转水转"。凡事要以退为进，切不可事事求强、求胜、求先。事实上暂时的败、一时的退、短期的弱对事业和人生来说都不一定是坏事。相反，它会为你的下一次进步积蓄能量。所以说为人处事要有不怕退步的气魄，要学会退，并且以退为进。

第四章

因为经历了低谷，
于是有了真正幸福的可能

1. 只不过是从头再来

苦难来临时，我们无处躲藏，既然如此，索性就让它留下的创伤永远提醒自己，让自己变得更加成熟与坚强。

每一个人都应该有从头再来的勇气。因为从头再来不等于放弃过去，而是让自己在遭受创伤的过程中变得成熟。一遍遍地尝试，会让你获得更多的经验，这些才是你最大的财富。

做事的结果无非就是两种：一种是成功，另一种是失败。而那些善于把握时机办事的人，在对待困境的时候，有着一种不屈不挠的精神，正是这种精神激励着他们努力地做好每一件事情。

1791年，法拉第出生在伦敦市郊一个贫困铁匠的家里。他父亲收入微薄，常生病，子女又多，所以法拉第小时候连饭都吃不饱，有时他一个星期只能吃到一个面包，当然更谈不上去上学了。

法拉第12岁的时候，就上街去卖报。一边卖报，一边从报上识字。到13岁的时候，法拉第进了一家印刷厂当图书装订学徒工，他一边装订书，一边学习。每当工余时间，他就翻阅装订的书籍。有时甚至在送货的路上，他也边走边看。经过几年的努力，法拉第终于摘掉了文盲的帽子。

渐渐的，法拉第能够看懂的书越来越多。他开始阅读《大英百科全书》，并常常读到深夜。他特别喜欢电学和力学方面的书。法拉第没钱买书、买本子，就利用印刷厂的废纸订成笔记本，摘录各种资料，有时还自己配上插图。

一个偶然的机会，英国皇家学会会员丹斯来到印刷厂校对他的著作，无意中发现法拉第的"手抄本"。当丹斯知道这是一位装订学徒记的笔记时，大吃一惊，于是送了一张皇家学院的听讲券给他。

法拉第以极为兴奋的心情，来到皇家学院旁听。作报告的正是当时赫赫有名的英国著名化学家戴维。法拉第瞪大眼睛，非常用心地听戴维讲课。回家后，他把听讲笔记整理成册，作为自学用的《化学课本》。

后来，法拉第把自己精心装订的《化学课本》寄给戴维教授，并附了一封信，表示："极愿逃出商界而入于科学界，因为据我的想象，科学能使人高尚而可亲。"收到信后，戴维深为感动。他非常欣赏法拉第的才干，决定把他招为助手。法拉第非常勤奋，很快掌握了实验技术，成为戴维的得力助手。

半年以后，戴维要到欧洲大陆作一次科学研究旅行，访问欧洲各国的著名科学家，参观各国的化学实验室。戴维决定带法拉第出国。就这样，法拉第跟着戴维在欧洲旅行了一年半，会见了安培等著名科学家，长了不少见识，还学会了法语。

回国以后，法拉第开始独立进行科学研究。不久，他发现了电磁感应现象。1834年，他发现了电解定律，震动了科学界。这一定律，被命名为"法拉第电解定律"。

法拉第依靠刻苦自学，从一个连小学都没念过的装订图书学徒工，跨入了世界第一流科学家的行列。恩格斯曾称赞法拉第是"到现在为止最伟大的电学家"。

1867年8月25日，法拉第坐在他的书房里看书时逝世，终年76岁。由于他对电化学的巨大贡献，人们用他的姓——"法拉第"作为电量的单位，用他的姓的缩写——"法拉"作为电容的单位。

为了追求自己的事业，很多人同法拉第一样，忍受了常人难以想象的痛苦。这样的生活也许会让浮躁和势利的人崩溃，但对于从事崇高追求的人而言，他们非但不把它们视为苦难，反而会认为这是莫大的快乐，正是在这种过程中，他们创造了自己的人生，获得成功。

我们通常会把不幸视为人生的逆境，抱怨命运对自己不公平，可是抱怨丝毫不能解决问题。那些在人类历史上留下了杰出贡献的人们，很多人都曾遭遇过不幸，经历过刻骨铭心的痛。可是经历过风雨的历练后，他们对人生有了更加透彻的认识，变得更加成熟。没有不曾失败过的人，只有不够成熟的失败者。

日本"经营之神"松下幸之助，小时候在乡下看见农民洗甘薯，不仅觉得很好玩，而且还悟出了做人的道理。在乡下，农民用木制的特大号水桶，装满了要洗的甘薯，然后用一根扁平的大木棍不停地搅拌。在木桶里，大小不一的甘薯，随着木棍的搅动，上下浮沉。有趣的是，浮在上面的甘薯不会永远在上面；沉在下面的甘薯，也不会永远在下面。甘薯总是浮浮沉沉，互有轮替。

"洗甘薯"是这样，生活何尝不是这样！松下深有体会地说："这种沉沉浮浮、互有轮替的景象，正是人生的写照。每一个人的一生，就像那个甘薯一样，总是浮浮沉沉，不会永远春风得意，也不会永远穷困潦倒。这样持续不停地一浮一沉，就是对每个人最好的磨炼。"

"松下"品牌在商界声名显赫，业绩辉煌，可是松下幸之助的一生并不幸福：11岁辍学；13岁丧父；17岁差一点淹死；20岁不但丧母，而且染上肺病几乎丧命；34岁，唯一的儿子出生仅6个月就病故。他一生受病魔纠缠，常常因病而卧床。然而，每当他遭受打击与挫折时，就会想起乡下人洗甘薯的那一幕。于是，他不折不挠，愈挫愈勇，总是能够转败为胜、化危为安。

　　人的一生不可能永远一帆风顺，生命中的那些沟沟坎坎反而更能折射生命的光彩。没有经历过创伤，就无法领略成熟的人生。在通向成功的道路上，失败是不可避免的。跌倒了，受伤了，微笑着对自己说：没有什么大不了的，前面的风景更美丽！

　　每一次的创伤带给你的不仅是痛苦，更重要的是教会你走向成熟。挫折、困苦、失败，都不可能击倒意志坚强的人，只会引领他们走向成熟，走向成功。创伤、失败的经历能够带领我们走向一个更加明朗的世界。越过创伤，你会更加懂得人生；越过创伤，你会发现自己的意志如同钢铁般坚韧无比。最终当我们收获成功的时候，我们应该怀着一颗感恩的心来感谢生活给予我们的磨难，是它们让我们变得更加自信与执着。

● ● ●

2. 不是捶胸顿足，而是奋发努力

　　当我们受到他人的无故讥讽甚至侮辱时，要冷静地面对与处理，平衡自己的心态，不能为了暂时的挫折而钻牛角尖；要把别人的侮辱当作你奋发图强的动力，激励自己去战胜困难，取得成就。

　　荣誉可以成为一个人进步的动力，在一定条件下，耻辱也能起到荣誉的这种作用。

阿兰·米穆是法国当代著名长跑运动员、法国一万米长跑纪录创造者，曾先后获得第十四届伦敦奥运会一万米亚军、第十五届赫尔辛基奥运会五千米亚军、第十六届墨尔本奥运会马拉松赛冠军，后来在法国国家体育学院执教。

米穆从孩提时起，就非常喜欢运动。可是，因为家里很穷，他甚至连饭都吃不饱。例如，米穆喜欢踢足球，因为没有鞋穿却只能光着脚踢。母亲好不容易替他买了双草底帆布鞋，为的是让他穿着去学校念书的。如果米穆的父亲看见他穿着这双鞋子踢足球，就会狠狠地揍他一顿，因为父亲不想让他把鞋子穿破。

12岁时，米穆已经有了小学毕业文凭，而且评语很好。母亲对他说："你终于有文凭了，这太好了！"妈妈去为他申请助学金。但是，她遭到了拒绝。

没有钱念书，于是米穆当上了咖啡馆里跑堂的服务生。他每天都要工作到深夜，但仍然坚持长跑。为了能进行锻炼，他每天早上五点钟就得起来，累得脚跟发炎脓肿。尽管如此，他还是咬紧牙关报名参加了法国田径冠军赛。他先是参加了一万米冠军赛，可是只得了第三名。他决定再参加五千米比赛。幸运的是，他得了第二名。米穆并因此得到了参加伦敦奥林匹克运动会的机会。

对米穆来说，这简直是不可思议的事情！他当时甚至还不知道什么是奥林匹克运动会，也从来想象不到奥运会是如此宏伟壮观。

但有些事情让米穆感到不快：没有人认为他是一名法国选手，没有一个人看得起他。比赛前几个小时，米穆想请人替自己按摩一下，于是他敲开了法国队按摩医生的房门。

按摩医生却对他说："有什么事吗，我的小伙计？"

米穆说："先生，我要跑一万米，您是否可以助我一臂之力？"

医生一边继续为一个躺在床上的运动员按摩，一边对他说："请原谅，我的小伙计，我是被派来为冠军们服务的。"

米穆知道，医生拒绝替自己按摩，无非因为自己只是咖啡馆里的一名小跑堂罢了。

那天下午，米穆参加了具有历史意义的一万米决赛。他当时仅仅希望能取得一个好名次，因为伦敦当天的天气异常干热，很像暴风雨的前夕。比赛开始了，同伴们一个又一个地落在他的后面。米穆成了第四名，随后是第三名。很快，他发现只有捷克著名的长跑运动员扎托倍克一个人跑在他前面进行冲刺。最后米穆得了第二名，为法国夺得了第一枚世界银牌。

然而，最让米穆感到难受的，还是当时法国的体育报刊和新闻记者。他们在第二天早上便边打听边嚷嚷："那个跑了第二名的家伙是谁呀？啊，准是一个北非人。天气热，他就是因为天热才得到第二名的！"

不过，让米穆感到欣慰的，是在伦敦奥运会四年以后，他又被选中代表法国去赫尔辛基参加第十五届奥运会。在那里，他打破了一万米法国纪录，并在被称为"本世纪五千米决赛"的比赛中，再一次为法国赢得了一枚银牌。

随后，在墨尔本奥运会上，米穆参加了马拉松比赛。他以1分40秒跑完了最后400米，终于成了奥运会冠军！

他不用再去咖啡馆当跑堂了。可是，米穆却说："我喜欢咖啡，喜欢那种香醇，也喜欢那种苦涩……"

所以，受一时之辱并不可怕，关键是看你如何对待耻辱。一个人蒙受耻辱，往往会有两种态度：一是不以为耻，更不愿意从自己身上去寻找蒙受耻辱的原因，这种人只会永远蒙受耻辱，永远也不会进步；另一种是产生羞愧之心，于是从自己身上去寻找蒙受耻辱的原因，并由羞愧而产生一股巨大的向上的力量，去战胜和洗刷耻辱，从而获得成功。

林卜三司刚开始建立的一个小小的、丝毫不引人注目的化学实验室经过多年的发展，后来成为世界最著名的科技研究公司之一。

1942年的一天，许多企业家在一次集会上谈论科学和生产的关系。一位大亨高谈阔论，藐视科学，认为科学只是一些所谓的"科学家"骗饭的手段，并且否定科学的作用。

崇拜科学并且稍有作为的林卜三司带着微笑，平静地向这位大亨解释科学对企业生产的重要作用。这位大亨对此不屑一顾，还嘲讽了林卜三司一番。

最后他挑衅般地说："我的钱太多了，现有的钱袋已经放不下，想找猪耳朵做的丝钱袋来装。如果你所说的科学能帮这个忙，做成这样的钱袋，大家都会把你当科学家的，大家也都会相信你所说的科学的。"聪明的林卜三司听出了大亨的弦外之音，气得嘴唇直抖，但还是抑制住自己，表面仍旧非常谦虚地说："谢谢你的指点，我会努力的。"林卜三司回去之后，暗中将市场上的猪耳朵收购一空。购回的猪耳朵被林卜三司公司的化学家分解成胶质和纤维组织，然后又把这些物质制成可纺纤维，再纺成丝线，并染上各种不同的美丽颜色，最后编织成五光十色的丝钱袋。

这种钱袋投放市场后，被一抢而空。

"用猪耳朵制丝钱袋"这一看来荒诞不经的恶毒挑衅被粉碎了。那些不相信科学是企业的翅膀，同时也看不起林卜三司的人，不得不对林卜三司刮目相看。

尤其是那位大亨知道这事之后亲自登门表示歉意，并且希望能与他合作。

林卜三司面对挑衅，不露声色，暗地里却做好准备，收购猪耳朵，并通过科学的方法将猪耳朵制成丝钱袋，从而回击了大亨的恶毒挑衅，一举成名。

这说明了，当处在逆境中时，受到别人的冷嘲热讽，情绪上的对立和反击甚至报复，是无济于事的，你并不会因此得到一点好处、一丝长进，也不会因此就一下子令人折服。最好的做法就是，用事业的成功来洗刷侮辱，让人对你刮目相看。

感谢伤害你的人，因为他磨炼了你的心志；感激羁绊你的人，因为他强化了你的双腿；感激欺骗你的人，因为他增进了你的智慧；感激藐视你的人，因为他唤醒了你的自尊；感激遗弃你的人，因为他教会了你独立。

● ● ●

3. 岂能尽如人意，但求无愧我心

活得累，是现代人的普遍感受，这很大程度上是因为追求完美。可是也许你已经发现，不管自己是多么地努力，行为是多么地正确，自我反省是多么地深刻，都永远达不到所有人对自己的要求。世界是这么大，社会是这么复杂，人的思想观点是这么地不同，要企求人人一致地赞同一件事，是难乎其难，甚至是不可能的。聪明的人，就应该在此时避重就轻，创造一种心理导向的效应。

每个人都会有他个人的感觉，都会根据自己的想法来看待世界。所以，不要试图让所有的人都对你满意，否则你将永远也得不到快乐。

父子俩牵着驴进城，半路上有人笑他们：真笨，有驴子不骑！

父亲便叫儿子骑上驴，走了不久，又有人说：真是不孝的儿子，竟然让自己的父亲走路！

父亲赶快叫儿子下来，自己骑到驴背上，又有人说：真是狠心的父亲，不怕把孩子累死！

父亲连忙叫儿子也骑上驴背。谁知又有人说：两人骑在驴背上，不怕把那瘦驴压死？

父子俩赶快溜下驴背，把驴子四肢绑起来，用棍子扛着。经过一座桥时，驴子因为不舒服，挣扎了起来，结果掉到河里淹死了！

很多人做人做事就像这故事中的父亲，人家叫他怎么做，他就怎么做；谁抗议，就听谁的！结果呢？大家都有意见，而且大家都不满意。

一个人想面面俱到，不得罪任何人，又想讨好每一个人，那是绝对不可能的！因为在做人方面，你不可能顾到每个人的面子和利益，你认为顾到了，别人却不这么认为，甚至根本不领情的也大有人在。在做事方面，你也不可能顾到每个人的立场，每个人的主观感受和需要都不同，你要让每个人满意，事实上，就是让所有人都不满意！

想一想，你为了面面俱到，怕对方不满意，要察言观色，还要揣摩别人的心思——这多么辛苦啊！

那我们应该怎么做？做自己该做的！也就是说，你认为对的，就不动摇地去做；参考别人的意见要看意见本身，而不是看别人的脸色。这么做有时确实会让一些人不高兴，但你的不动摇，却可赢得这些人事后的尊敬，毕竟人还是服膺公理的，除非你的坚持纯属是为了私心！

这么做，会有人称赞你，也会有人骂你，但想面面俱到的人，结局就像故事中的父子——会被所有人嘲笑！

俗语说："岂能尽如人意，但求无愧我心！"就像萝卜白菜各有所爱一样，不要奢望做一个人人都满意的自己，那是不可能的事情！

有一个广为流传的事例：某一位诗人一次把自己的得意诗作拿到广场上去展览，很自信地对观众说，如果你们认为有败笔，尽可以指出。到了晚上，诗人的作品上标满了记号，人们挑出了无数他们认为是败笔的地方。诗人非常不甘心，他灵机一动，又写了一首完全相同的诗拿到广场上展出，不同的是他请观众标出诗中的妙处。结果到了晚上，诗人看到所有曾被指责为败笔的地方，如今都换上了赞为妙笔的记号。诗人的结论是："我发现了一个奥秘，那就是不管我们干什么，只要使一部分人满意就够了，因为在有些人看来是丑恶的东西，在另一些人的眼里，恰恰是美好的。"

诗人的大悟，可以作为我们面对非难、诽谤的基本态度；而诗人的这种做法，也可以作为我们考虑如何减轻非难、诽谤这个问题的出发点。

我们为人处世经常按别人的反应来决定，而很难按自己的意愿去行动，尤其是在关于"成功""幸福"之类重要的问题上，一切似乎已经有了约定俗成的标准。弗洛伊德说："简直不可能不得出这样的印象，人们常常运用错误的判断标准——他们为自己追求权力、成功和财富，并羡慕别人拥有这些东西，他们低估了生命真正价值。"

心理学家指出，如果给两组完全相同的人像，一组人像下写"残暴""凶恶""狠毒"一类的词，一组人像下写"果敢""勇毅""顽强"一类的词，请两组测试者对人像作职业估计，那么前一组人像很可能就被猜为罪犯，而后一组人像就可能被猜为军人。就像人们往往把银幕上、球场上的明星当作偶像，把表演中的人当作生活中真实的人一样。人类的内心有一种很强烈的接受外界暗示，通过语言、形象的传播媒介树立形象的欲望，它构成了所谓的"心理导向效应"。诗人的"败笔""妙笔"是完全相反的两种结果，正是他利用了这种效应而产生的。

了解了这一点之后，如果要使自己摆脱困境，减小压力，争取更多的赞同，就可以根据不同的情况采取不同的措施。让每一个人都满意是不可能，也是没有必要的。

现实生活中我们也常常遇见类似的事情。当某人做了一件善事，引起身边同事们的注意时，会听到各种截然不同的评论。张三说你做得好，大公无私；李四说你野心勃勃，一心想往上爬；上司赞你有爱心，值得表扬；下属则说你在做个人宣传……总之，各种各样的议论，有的如同飞絮，有的好似利箭——迎面扑来。怎么办呢？最好的方法，就是抱着"有则改之，无则加勉"的态度。

事实上，一个人是不可能让所有人都对其满意的，即使已经尽心尽力在做了，还是会有让别人不满意的地方。如果所有的人都对你满意，表明你这个人必定有问题。因为如果做了坏事，好人会骂你；做好事，坏人又会骂你。

至于自己是否有他们所想的那么坏或那么好，只有自己知道。因此，最重要的是要对自己的良心、对自己的努力奉献负责；别人对你的批评、要求，那都是其次的。

如果太在乎别人的赞美，会变得骄傲、得意；太在意别人的批评，会觉得懊恼、无奈，对你或是对事情都会有不好的影响。所以，最好的方法应该是：随时保持心的平静，把事做好。

我们不管干什么，只要一部分人满意便是成功。因为，在有些人看来丑恶的东西，在另一些人眼里则恰恰是美好的。

不要对自己太苛刻，工作上给自己定一个力所能及的目标。只要对得起自己的努力和良心，不要太在意外人对你的评价，否则，遇到挫折就可能身心疲惫，万念俱灰。不要为了让周围每一个人都对你满意而处处谨小慎微，不要顾及他人的眼光而改变自己的言行，不要让所有人都满意了而委屈了自己，我行我素在必要时还是要保持的。

情绪的过分紧张和焦虑，会影响一个人的生活情趣和解决问题的能力，对于生活中遇到的始料不及的事，应该学会放松，调节自己的情绪，保持生活的规律和睡眠的充足，以饱满的精神状态去面对。学会倾诉和寻求帮助来排解不愉快，生活中绝大多数人都有一颗助人为乐的心，找一个听你诉苦的朋友不会是太难的事情。

人活一世不容易，何必事事都在意？你有什么必要去讨好别人而委屈自己呢？

●　●　●

4. 沙漠里也能找到星星

从根本上来说，人与人之间的差别很小，但就是这种很小的差别却往往造成了人与人之间的巨大差异。而这种很小的差别就是人所具备的心态，是积极的还是消极的；而巨大的差异就是他所得到的是成功还是失败。

在我们的现实生活中，存在这样一个奇怪的事实：在这个世界上，成功卓越的人较少，失败平庸的人较多。成功卓越者，他们都活得充实、自在、潇洒；而失败平庸者却过得空虚、艰难、拘谨。

美国前总统克林顿可以算得上多灾多难，他的成长经历早已家喻户晓，同样为人们所熟悉的还有他早期的政治历程：1978年他当选为美国最年轻的州长；1980年连任州长失败；1982年经历过磨炼的他又重新当选州长。后来，在1992年竞选总统的初期他又遭受到挫折。一番磨练之后，他才最终获得总统候选人的提名。

然而，值得一提的是，克林顿在经历了挫折与失败后，总是能够很好地把他天生的乐观心态和能力相结合，使他重新赢得公众的信任，因为人们看到他在经历了一连串的打击后仍微笑着走来。可以说，他是永远的"东山再起的年轻人"。他能够做到平静地看待自己的人生，就像是在看他人的故事一样。他偶尔也会因为一点小事而暴跳如雷，但在大事面前，他却总是能冷静地对待与处理。当危机来临时，他可以轻易地从别人的角度考虑问题，并保持乐观的心态去面对。

下面的这个故事，相信也会对你有所启发。

塞尔玛是一个普通的随军家属，一次，她陪伴丈夫驻扎在一个沙漠的陆军基地里。

丈夫奉命到沙漠里去演习，她一个人留在陆军的小铁皮房子里。天气热得受不了——即使在仙人掌的阴影下也有50多度。她没有人可以谈天——身边只有墨西哥人和印第安人，而他们不会说英语。她非常难过，于是就写信给父母，说要丢开一切回家去。不久，她收到了父亲的回信。信中只有短短的一句话："两个人从牢房的铁窗望出去，一个看到泥土，一个却看到了星星。"

读了父亲的来信，塞尔玛觉得非常惭愧，她决定在沙漠中寻找"星星"。塞尔玛开始和当地人交朋友，她对他们的纺织、陶器很有兴趣，他们就把自己最喜欢的纺织品和陶器送给她。塞尔玛研究那些引人入迷的仙人掌和各种沙漠植物，观看沙漠日落，还研究海螺壳，这些海螺壳是几万年前当沙漠还是海洋时留下来的……

原来难以忍受的环境变成了令人兴奋、令人流连忘返的奇景。塞尔玛为自己的发现兴奋不已，并就此写了一本书，以《快乐的城堡》为书名出版了。是什么使塞尔玛的内心发生了这么大的改变呢？沙漠没有改变，印第安人也没有改变，改变的只是她的心态，一念之差，使她把原先认为恶劣的情况变为了一生中最快乐、最有意义的经历，塞尔玛终于找到了属于自己的"星星"。

那么，是什么使这位女士内心发生了这么大的转变呢？当然，沙漠里的环境没有改变，印第安人也没有改变，但是这位女士的心态改变了。一念之差，使她把原先认为恶劣的情况变为一生中最有意义的冒险。她因为发现新世界而兴奋不已，并为此写了一本书，以《快乐的城堡》为书名出版了。我们为塞尔玛感到高兴，她从自己造的牢房里看出去，终于看到了星星。

正如戴高乐所说："困难吸引坚强的人。因为人们只有在拥抱困难并克服困难时，才会真正认识自己。"也许，你要问自己：我自己努力过吗？对于所遭遇的困难，愿意努力去尝试，并且相信自己吗？其实，只试一次是绝对不够的，需要多次的尝试。那样我们才会发现自己心中蕴藏着巨大的能量。许多人之所以失败，是因为未能竭尽所能去尝试，而这些努力正是成功的必备条件。

哥伦比亚的学子们一直认为：当你付出了很多的努力，并取得了一定成绩后，不妨为自己庆贺一番，鼓励一下自己，这样做对你而言有很大的好处，会帮你建立起更多的自信。

一次，有一个叫杰克的男孩在报上看到招聘启事，正好是适合他的工作。第二天早上，当他准时前往应征地点时，发现前来应聘的人来了很多，在他之前已经排了20个男孩。

如果换成另一个不自信的人，可能会因此而打退堂鼓。但是这个小伙子却完全不一样。他认为自己应该是这家公司所要找的那个人。于是，他从包里拿出一张纸，在纸上写了几行字，他走到负责招聘的女秘书面前，很有礼貌地说："小姐，麻烦你把这张纸交给老板，这件事很重要。谢谢你了！"

他看起来神情愉悦，文质彬彬，有一股强有力的吸引力，令人难以忘记。因此，给这位秘书留下了很深刻的印象。所以，她将这张纸交给了老板。

老板打开纸条，看到上面是这样写的："先生，您好。我是排在第21号的男孩。请您不要在见到我之前作出任何决定。"

你觉得他最终得到这份工作了吗？当然，答案肯定是的。其实，像他这样自信的男孩无论到什么地方都会有所作为。虽然他年纪很轻，但是他的自信却是打败那些有经验人的重要品质。

其实，人在一生中会遇到很多类似的问题。当遇到问题时，如果能够有自信，并且认真地进行思考，就会很容易找到解决的办法。在遇到困难时，你应该把自己当成强者，并把困难当做机遇，在心里把自己当成冠军。

遗传进化学者菲尔德说："在整个世界史中，没有任何其他的人会跟你完全一样。不论是以前，现在，还是未来，都不会有像你一样的另一个人。"

伊尔文·本·库柏是一名法官，他深受美国人的尊敬。但是库柏现在的形象却与库柏年轻时自卑的形象完全不同，小时候的库柏是一个非常自卑的人。

库柏在密苏里州圣约瑟夫城一个准贫民窟里长大。他的父亲是一个移民，以裁缝为生，收入微薄。为了家里取暖，库柏常常拿着一个煤桶，到附近的铁路去拾煤块。库柏为必须这样做而感到困窘。他常常从后街溜出溜进，以免被放学的孩子们看见。

但是，那些孩子时常看见他。特别是有一伙孩子常埋伏在库柏从铁路回家的路上，袭击他，以此取乐。他们常把他的煤渣撒遍街上，使他回家时一直流着眼泪。这样，库柏总是生活在或多或少的恐惧和自卑的状态中。

有一件事发生了，这种事在我们打破失败的生活方式时总是会发生的。库柏因为读了一本书，内心受到了鼓舞，从而在生活中采取了积极的行动。这本书是荷拉修·阿尔杰著的《罗伯特的奋斗》。

在这本书里，库柏读到了一个像他那样的少年奋斗的故事。那个少年遭遇了巨大的不幸，但是他以勇气和道德的力量战胜了这些不幸，库柏也希望拥有这种勇气和力量。

库柏读了他所能借到的每一本荷拉修的书。当他读书的时候，他就进入了主人公的角色。整个冬天他都坐在寒冷的厨房里阅读勇敢和成功的故事，不知不觉汲取了勇气的力量。

在库柏读了第一本荷拉修的书之后几个月，他又到铁路去捡煤块。隔开一段距离，他看见三个人影在一个房子的后面飞奔。他最初的想法是转身就跑，但很快他记起了他所钦佩的书中主人公的勇敢精神，于是他把煤桶握得更紧，一直向前大步走去，犹如他是荷拉修书中的一个英雄。

这是一场恶战。三个男孩一起冲向库柏。库柏丢开铁桶，坚强地挥动双臂，进行抵抗，使得这三个恃强凌弱的孩子大吃一惊。库柏的右手猛击到一个孩子的鼻子上，左手猛击到这个孩子的胃部。这个孩子便停止打架，转身溜跑了，这也使库柏大吃一惊。同时，另外两个孩子正在对他进行拳打脚踢。库柏设法推开了一个孩子，把另一个打倒，用膝部猛击他，而且使劲儿连击他的胃部和下颚。现在只剩下一个孩子了，他是领袖。他突然袭击库柏的头部。库柏设法站稳脚跟，把他拖到一边。这两个孩子站着，相互凝视了一会儿。

然后，这个领袖一点一点地向后退，也溜跑了。库柏拾起一块煤，投向那个退却者，这是在表示他正义的愤慨。

直到这时库柏才知道他的鼻子在流血，他的周身由于受到拳打脚踢，已变得青一块紫一块了。这是值得的啊！在库柏的一生中，这一天是一个重大的日子，那时他克服了恐惧。

库柏并不比一年前强壮，攻击他的人也并不是不如以前那样强壮。前后不同的地方在于库柏自身的心态。他已经不顾恐惧，面对危险。他决定不再听凭那些恃强凌弱者的摆布。他要改变他的世界，他后来也的确是这样做的。

库柏给自己定下了一种身份。当他在街上痛打那三个恃强凌弱者的时候，他并不是作为受惊骇的、营养不良的库柏在战斗，而是作为荷拉修书中的人物罗伯特·卡佛代尔那样的大胆而勇敢的英雄在战斗。

一个人如果把自己视为一个成功的形象，这种心态或信念就有助于打破自我怀疑和失败的习惯，而这种自我怀疑的习惯是消极的心态经过若干年在性格内逐渐形成的。另一个同等重要的能帮助你改变你世界的成功技巧是，相信自己，把一切困难视为机遇。

5. 找不到出路时，就切断一切后路

只有一条路可走的人往往是最容易成功的人，因为别无选择，所以他们会倾尽全力朝目标冲刺。有时只有斩断自己的退路，才能把不可能变成可能。

小民是一位留学美国的中国学生。毕业后，小民想靠着自己的能力养活自己，于是为了解决生存问题，他什么苦活累活都干过。在餐馆刷盘子，在路上发传单，帮别人打字。微薄的收入只能让他勉强糊口。

一天，在唐人街一家餐馆打工的他，看见报纸上刊出了一则招聘线路监控员的广告，一看和自己专业对口，薪资待遇也很吸引人，于是小民做足了准备去应聘。过五关斩六将，他进入了最终的面试。当招聘主管出人意料地问他："你有车吗？你会开车吗？我们这份工作需要外出，因为公司的车辆有限，所以我们会优先考虑会开车的人。"

小民当场就蒙了，自己只是一个穷学生，怎么会有车呢？开车更是不会啊！但为了争取到这个工作，他不假思索地回答："有！会！"

"很好，那四天后你开车来上班。"主管说。

小民没有退路，要么他放弃这份工作，要么就硬着头皮上阵。最终他豁出去了，在一个朋友那儿借了一些钱，买了一辆二手车，开始了自己紧迫的学车历程。第一天他跟朋友学简单的驾驶技术；第二天在朋友屋后的大草坪模拟练习；第三天歪歪斜斜地开着车上了公路；第四天他居然真的驾车去公司报到了。

如果想要找到出路，没有坚定的信念和视死如归的精神是不行的。有时我们必须放开手脚，大胆去做，才能克服所谓的不可能。小民凭着自己的胆识，敢于斩断自己的退路，让自己置身于命运的悬崖边上。正是面临这种后无退路的境地，他才有了奋勇向前的精神，争取到了那个难得的机会。

在生活中，亦有很多不给自己留后路的人。

网坛明星俄罗斯运动员莎拉波娃4岁时，她的父亲就变卖了他们在俄罗斯的全部资产，带着莎拉波娃到美国练习网球。正因为没有退路，莎拉波娃从小就刻苦练习，最终成长为一名成功的网球手。

有时候，只有将自己逼上梁山，才能找到出路。对自己太容忍，就是对自己的残忍。当我们不能后退时，就只有前行。欢腾的小溪没有退路，它从高处流向低处，直到汇入大海；雄健的苍鹰没有退路，它从断崖飞向低谷，直到驰骋天穹；稚嫩的幼芽没有退路，它从地下钻出地面，直到沐浴春雨……人生没有退路，我们才会更加努力地探寻出路。

生活中，退路就是在为不成功找借口，在经历失败后，它就成了堂而皇之的退缩理由。当你为自己留出后路时，你就在失败上投下一枚筹码，你的信心就已经削减了一半。关键时刻，有破釜沉舟的勇气的人，才能给自己创造一个向生命高地冲锋的机会。

6. 做不好没关系，总比不做好

"世界上没有什么东西可以代替坚持不懈。聪明不能，因为世界上失败的聪明人太多了；天赋也不能，因为没有毅力的天赋，只不过是空想；教育也不能，因为世界上到处都可以见到受过高等教育的人半途而废。如今，只有决心和坚持不懈才是万能的。"美国作家卡文·库利吉的一段话道出了坚持的重要性。

人如何看待挫折，直接影响着他的行动力，导致他的成功或失败。挫折摆在眼前，就是一个残酷的事实，除了接受它之外，另外该做的，是把它转化成为一种助力，让自己撑着它，攀上更高的山峰。

刚刚进入社会的年轻人在寻找工作时，总会因为资历、相关工作经验的缺乏，或所学与想从事的职业不同而碰壁，不妨看看这样一个例子。

易森一心想往广告界发展，于是他寄出自己的简历，却得不到各家公司青睐。不甘心之余，他决定打电话去问清楚："为什么不用我？"可能就是因为这股自信，使他获得了工作机会，后来成为传媒界的杰出人士。当他谈起当年的情况时，说："我觉得我自己是属于传媒界的人，于是我写信到各大广告公司毛遂自荐，哪怕是倒水、清垃圾都无所谓，只要给我机会。"

有一种人在找不到工作的时候，就会迷茫沮丧，但是另一种人会想尽办法，去摆脱困境。一位任职人力资源公司的主管谈到多年工作的经验时说："冷静下来，总有办法可想，许多人都是这样走过来的。做不好比不做更好。"

台湾有个"草莓族"的称号，用来形容20世纪80年代出生的这群人。因为他们在工作上所展现出来的低抗压性，遇到挫折时就放弃，如同草莓一样，虽拥有光鲜外表，但只要轻轻一压，整个形状就被破坏了。其实最根本的原因，就是他们缺乏处理失败的应变能力，不懂如何换个角度，改变自己对失败的想法罢了。

有位业务员照例拜访某公司，但他这次运气似乎不太好，被挡在门外，他只好把名片交给秘书，希望能和董事长见面。秘书看他十分诚恳，便帮他把名片交给董事长，不出所料，董事长不耐烦地把名片丢回去。很无奈地，秘书只得把名片还给站在门外的业务员，业务员不以为意地再把名片递给秘书："没关系，我下次再来拜访，所以还是请董事长留下名片。"

拗不过业务员的坚持，秘书硬着头皮，再次走进办公室。没想到董事长这时火了，将名片一撕两半，丢回给秘书。秘书不知所措地愣在当场，董事长更生气了，从口袋里拿出10块钱："10块钱买他一张名片，够了吧！"岂知当秘书递还给业务员名片与钱后，业务员很开心地高声说："请你跟董事长说，10块钱可以买两张我的名片，我还欠他一张。"随即又掏出一张名片交给秘书。突然，办公室里传来一阵大笑，董事长走了出来："不跟这样的业务员谈生意，我还找谁谈？"

拒绝是业务员每天都会碰到的场景，如果光是靠好修养坚持，还是有泄气的时候，即便超级业务员也有倒地不起的一天。而能从别人设下的困局跳脱的人，都有一个本事，那就是逆向思考，当你不顺着设局者的逻辑思考时，你才能出自己的招，去破解对手的招数。说是阿Q精神也好，但通常只有这样才能成为一个主宰大局的人。

一个在金融界工作的人，当初他刚进入公司做基金研究员时，不知为什么，主管老是看他不顺眼，比如主管邀请大家下班后一起吃火锅，总是不小心漏了他。他替自己打气的方式是去饭店吃高级火锅，他想这比主管还享受！主管要给他难堪，哪知他更得意！工作上，主管分配给他的基金，老是一些冷门的投资项目，业绩上很难有所突破，他也不生气。

现在他在另一家公司的行销企划部如鱼得水，他说："多亏那个主管以前那样对我，否则我现在只能做研究分析员。他的态度逼我走出另一条路，很谢谢他的造就。"

当我们扭转想法，就可以驱除失败时所带来的负面情绪。若让负面思考及恐惧侵蚀心灵，只会让整个世界剩下自我怀疑和恐慌而已。可是，一旦我们懂得如何控制自己的负面态度，不让其持续扩大，便也开始懂得正面思考，就可以将"棍子"转变为"令牌"，使我们化不可能为可能。

再令人难堪的事情，只要是朝着正确的方向前进，都会成为好事。

把失败看成是一次富有正面意义的成果，从失败中有所收获，这是成功者所须具有的一种绝佳心态。

大大小小的错误，可能会吓住许多人，使他们心中产生那种"一朝被蛇咬，十年怕草绳"的恐惧感。其实，这大可不必。失败也是成果，需要你仔细诊断。对此，发明大王爱迪生似乎比所有人认识得更深，实践得更好。爱迪生为了得到一个正确的结果，实验时出过上百次错误，但他正是在错误中找到了正确的理论方向。

爱迪生在电灯的发明上失败了无数次。某次为了寻找最合适做灯丝的材料再次失败后，他的助手叹口气说："唉，又失败了。""不，"爱迪生轻松地说，"错了！这是我们又成功地找出了一个不适合做灯丝的材料。"

　　把失败看成是一次富有正面意义的成果，从失败中有所收获，这是成功者所须具备的一种绝佳心态，他们最懂得"失败乃是成功之母"这句话，往往会在失败的教训中获益，然后从失败中走向成功，之前的失败经验反而是最辉煌的转折点。

　　当然，关键是你要在这次失败中吸取教训，下次不再犯同样的错误。只有愚蠢至极的人才会在同一个地方被同一块石头绊倒两次，这样的人当然也学不会从失败中汲取教训，只会反复让自己陷入失败。

　　以下是常见的失败原因，请找出你身上曾经出现过的那几项，并下定决心使它离开你：

　　浑浑噩噩，生活缺乏明确目标。

　　缺乏自律，饮食无法自我节制和对周围环境漠不关心。

　　缺少雄心壮志。

　　因消极人生观和不良饮食习惯造成的疾病。

　　儿时的不良影响。

　　缺乏坚持到底的毅力。

　　情绪起伏过大。

　　时常妄想不劳而获。

　　即便机会近在眼前，仍然无法迅速作出决定。

　　婚姻生活不幸福或工作不顺利。

　　与人言谈，总措辞不当且缺乏耐性。

　　虚掷光阴和金钱。

　　无法和人融洽相处与合作。

　　缺乏洞察力和想象力。

　　受挫时报复欲望强烈。

7. 聪明人从不担心做出愚蠢的事

每个人的心里都藏着一个名叫"恐惧症"的小魔鬼，它经常会在你不注意的时候偷袭你，让你对这个世界充满恐惧之情，面对这样一个魔鬼，我们如何才能战胜心中的恐惧？

一个平凡的上班族麦克·英泰尔，37岁那年作了一个疯狂的决定，放弃他薪水优厚的记者工作，把身上仅有的3块多美元捐给街角的流浪汉，只带了干净的内衣裤，由阳光明媚的加州，靠搭便车与陌生人的仁慈，横越美国。

他的目的地是美国东海岸北卡罗莱纳州的恐怖角。

这只是他精神快崩溃时作的一个仓促决定。某个午后他忽然哭了，因为他问了自己一个问题：如果有人通知我今天死期到了，我会后悔吗？答案竟是那么肯定。虽然他有不错的工作，有美丽的女友，有至亲好友，但他发现自己这辈子从来没有下过什么赌注，平顺的人生没有高峰或谷底。

他为自己懦弱的前半生而哭。一念之间，他选择了北卡罗莱纳州的恐怖角作为最终目的地，借以象征他征服生命中所有恐惧的决心。

他检讨自己，很诚实地为自己的恐惧开出一张清单：打小时候他就怕保姆、怕邮差、怕鸟、怕猫、怕蛇、怕蝙蝠、怕黑暗、怕大海、怕城市、怕荒野、怕热闹又怕孤独、怕失败又怕成功、怕精神崩溃……他无所不怕，却似乎"英勇"地当了记者。

这个懦弱的37岁男人上路前竟还接到老奶奶的纸条："你一定会在

路上被人强暴。"但他成功了，4000多英里路，78顿餐，仰赖82个陌生人的仁慈。

没有接受过任何金钱的馈赠，在雷雨交加中睡在潮湿的睡袋里；也有几个像公路分尸案杀手或抢匪的家伙使他心惊胆战；在游民之家靠打工换取住宿；住过几个陌生的家庭；碰到过患有精神疾病的好心人。他终于来到恐怖角，接到女友寄给他的提款卡（他看见那个包裹时恨不得跳上柜台拥抱邮局职员）。他不是为了证明金钱无用，只是用这种正常人难以忍受的艰辛旅程来使自己面对所有恐惧。

恐怖角到了，但恐怖角并不恐怖。原来"恐怖角"这个名称，是由一位16世纪的探险家取的，本来叫"Cape Faire"，被讹写为"Cape Fear"。只是一个失误。

麦克·英泰尔终于明白："这名字的不当，就像我自己的恐惧一样。我现在明白自己一直害怕做错事，我最大的耻辱不是恐惧死亡，而是恐惧生命。"

在人生的道路上，许多人因害怕失败而不敢"轻举妄动"。这种恐惧的心理，使许多人更丧失了成就未来的大好时机。

有一处地势险恶的峡谷，涧底奔腾着湍急的水流，而所谓的桥则是几根横亘在悬崖峭壁间光秃秃的铁索。

一行四人来到桥头，一个盲人、一个聋子，以及两个耳聪目明的正常人。四个人一个接一个抓住铁索，凌空行进。

结果呢？盲人、聋子过了桥，一个耳聪目明的人也过了桥，另一个则跌下深渊失去命。

难道耳聪目明的人还不如盲人、聋人吗？

是的！他的弱点恰恰源于耳聪目明。

盲人说："我眼睛看不见，不知山高桥险，心平气和地攀索。"

聋人说："我耳朵听不见，不闻脚下咆哮怒吼，恐惧相对减少很多。"

那个过了桥的耳聪目明的人则说："我过我的桥，险峰与我何干？激流与我何干？只管注意落脚稳固就够了。"

担心做出愚蠢的事，本身就是最愚蠢的事。丧失钱财，损失不大；丧失名誉，损失不小；丧失健康，损失惨重；丧失勇气，一无所有。我们心中的恐惧永远比真正的危险巨大得多。

我的低调
要让全世界
都知道

第五章

口碑决定德碑，
管住自己的嘴巴

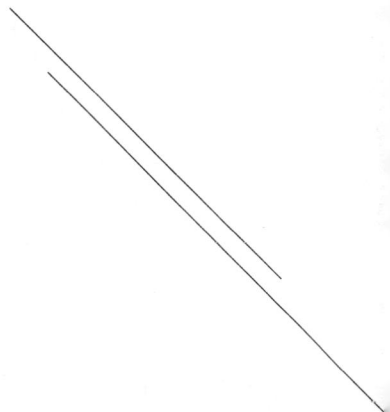

1. 推功揽过，有百利无一害

有个幽默故事，说一只黑猫好不容易捉到一只老鼠，把玩了一阵，却把它给放了。黄狗见了，不解地问："辛辛苦苦抓到的美味，你为何放了它？"黑猫回答说："你当然不会明白，我是同上司一起被派到这里抓老鼠的。现在，上司连一根老鼠毛都没捞到，我怎么能抢它的风头呢？所以，我把它放掉，让上司来抓它！"

这只黑猫就是一只聪明的黑猫。它知道身为下属，有时为上司做出一份恰当的"牺牲"，是一种值得的投资。它先把老鼠追得筋疲力尽，再把它放掉，让上司轻而易举地抓到它。上司得到了功劳，心里肯定也明白到底怎么回事。黑猫虽然没有捉到老鼠，却得到比一只老鼠更大的实惠，那就是上司的信任和提拔。

《菜根谭》中说："当与人同过，不当与人同功，同功则相忌；可与人共患难，不可与人共安乐，安乐则相仇。"意思就是，应该有和别人共同承担过失的雅量，不应当有抢夺别人功劳的念头，争抢功劳就会引起彼此的猜疑；应该有和别人共同渡过难关的胸襟，不可有和别人共同享受安乐的贪心，共享安乐就会造成互相仇恨。

每个人都难免在工作上有失误，这很正常。但就有这么一类人，出了事就把责任往同事或下属身上推，先把自己撇干净，生怕上司责怪到自己，嘴里说着："全赖你全赖你！"好像全是对方的错，自己成了不吃五谷杂粮的大圣人。这么做的结果，只会让自己失去信任，前途岌岌可危。

　　老板正与客人谈话，市场部的负责人小李敲门进来，告诉老板，一位重要客户发来了一份电子邮件。老板谈兴正浓，只是点了点头，不耐烦地说："我知道了。"结果两天以后，老板把小李叫到办公室，怒气冲冲地质问他，为什么不将客户发来电子邮件的事情向他汇报，以至于差点耽误了一笔大生意。

　　如果你是小李，你会怎么说？下面是三种答案：

　　A.这不是我的错，我接到电报就告诉你了，当时你正与一位客户谈话，你还说知道了呢！

　　B.我没有责任，请不要怪我！

　　C.对不起，我没有及时地让您知道，请原谅！

　　很显然，A和B讲述的都是事实，小李丝毫没有责任。但是真正聪明的人，一般都会选择答案C，马上将错误归结到自己头上。因为这正是老板期望看到的，他并非不知道错在自己，而是因为自己的身份是不允许出错的，所以，必须找一个替罪羊。此时你非常配合地站出来，让他发泄一番怒火，给他一个台阶下，虽然他嘴上责怪你，内心其实会感谢你！

　　在现实生活中，我们经常可以看到，许多人在作汇报的时候，都将功劳和业绩都归于上级的英明领导，把自己置于一个执行者的角色。他们抓住的恰恰就是上司的虚荣心理；把功劳推给上司，并不意味着你就没有功劳了，其实大家对事实心知肚明。

　　一个合格的上司，他也不会真的抢你的功劳。相反，他会对你的做人处事风格非常赞赏。如此看来，"推功揽过"实在有百利而无一害。

　　在这个世界上，凡是成功的人，大都懂得与别人分享美名。在他还没有成功的时候，懂得与人一起分享利益，所以朋友会帮助他。当他成功以后，又懂得推功揽过，认为都是大家的功劳，失误自己承担。只有这样的人，才能让亲人、朋友聚集在他身边，只有这样的人才会成功！

某地产集团运营经理与下属群策群力，历经半年完成了一个项目。上级过来检查工作，他夸夸其谈，将功劳全扣在自己头上，好像全靠他才完成了如此壮举。上级大喜之余，当然将他好一通表扬，许诺给他各种奖励。但下属们却不乐意了，对这个自私的上司非常失望，从此跟他离心离德，不管做什么都不再配合他，还有许多人写信检举他，揭发他的错误，暗地发誓，不打倒他决不罢休。

为了贪图一个美名而葬送未来的前程，这又何苦呢？看看瞬间就站在他敌对面的庞大的同事阵营，你就能明白——不懂得推功揽过何其危险！

金无足赤，人无完人。上司也会有疏忽和漏洞。决策失误、指挥不当等，经常会发生。作为下属，你绝不要放大他的错误，甚至想墙倒众人推、取而代之。最好的是主动出面，帮助上司适当遮掩差错，往自己身上揽些责任！上司都喜欢可以为自己圆场的下属，如果你在关键时刻对他落井下石，或对他的"落难"不闻不问，冷漠置之，那你就要小心了，因为他很快就会"报复"你。

当你跟朋友或爱人发生争吵时，也可以这样去解决问题。即使你没有错，如果也能主动地说一句"不好意思，可能是我搞错了"，而不是一味地纠结于"一定是你错了"，其实是更有利于尽快地化解纠纷的。有时候，两个人吵来吵去，争的不过是个面子，是一个让彼此都能摆脱尴尬的台阶而已。

当同事有些工作做得不到位，领导正要训斥他时，你过去帮他解围："对不起，刚才我请他帮我做了一份图表，所以耽误了他的时间，导致他的工作没有及时完成。"你看，这个理由既能助他摆脱尴尬，又不会把你陷进去。领导不会再深究什么，同事也会对你充满感激，这可是一笔无形的投资啊！

但"分享"与"担责",还不同于普通的哥们义气,而是在公平合理的基础上,与他人共同分享美名,共同承担过错。无论是公司的管理者,还是生活中的我们,都需要体悟和运用这方面的智慧。当然,在推功揽过的过程中,还要注意:

(1)揽过要适度。

小过小错可以由你来承担,挨几句批评,甚至罚一些奖金的损失,都无关紧要。但绝非什么过错都可以揽,比如你上司贪污腐败,你若还站出来代他受过,岂不是自寻死路?所以,揽过的时候,要心明眼亮。

(2)推功要巧妙。

不要把功劳强加到上司身上,造成张冠李戴的尴尬场面。那样只会弄巧成拙,招致上司的怨恨。而且,当你把功劳让给上司的同时,万不可到处宣扬。否则,会让人误以为你别有目的。

● ● ●

2. 千万不要信口开河搬弄是非

在和别人交谈时,听别人说了一半的话,便开始发表自己的见解,殊不知,你听到的只是上文,下文才是对方真正要表达的意思。

或者,在某些场合,你口无遮拦地说了一大堆别人的不是,没想在场的人中，正好也有相似的缺点，在你滔滔不绝地对此大加发表你的看法的时候，别人其实早已对你不满，甚至会对你恶语反击。

还有些人，喜欢把听来的小道消息添油加醋地到处宣扬，虽然你并没有恶意，可是在你不经意中给别人造成了极大的伤害。这个时候，你再想挽回，已经为时太晚，你会因此失去别人的信任和友谊。

在某一次朋友聚会上，小梅讲起她大学一位教授的秘密时说："我们那个哲学老师那叫一个色。听说他有三个老婆，一个在香港，一个在加拿大，另外一个就是现在和他在一起的妻子。我们毕业的那段时间，又听说他要离婚，打算娶我们学校的一个女老师。"

陈菲实在憋不住了就问："你为什么这么清楚？"

小梅说："大家都知道啊。"

"大家是谁？"

"学生们呐。"

直到后来，陈菲问她道："小梅，你知道我是谁吗？"

小梅有些迷惑，说："你不是陈菲吗？"

"我是你说的那位哲学老师的女儿！"

小梅窘住了。

在不了解情况的时候，千万不要信口开河、搬弄是非。说不准听你说话的人，就是你要贬低的对象，如果这个人又是你即将合作的客户，或者你的领导的某位亲戚，那么你无疑为你的事业设置了一个障碍。

总公司的市场经理祝彦初次来办事处指导工作，中午请部门同事一起吃饭，席间谈起一位刚刚离职的副总韩绍华，入职不久的李乐心直口快地说韩绍华脾气不好，很难相处。

其他同事急忙打圆场，祝彦说："是吗，是不是她的工作压力太大造成心情不好？"

李乐说："我看不是，三十多岁的女人嫁不出去，既没结婚也没男朋友，老处女都是这样心理变态。"

闻听此言，刚才还争相发言的人都闭上了嘴巴。因为，除了李乐，那些在座的老员工可都知道：祝彦也是待字闺中的老姑娘！好在一位同事及时扭转话题，才抹去祝彦隐隐的难堪，而事后得知真相的李乐则为这句话后悔了好久。

与初次见面或不是十分熟识的朋友接触时，谈话的内容一定要加以甄选，不能口不择言，随便说话。必要时要保持沉默。一旦因为对对方不了解而触犯了人家的忌讳，或者言者无心得罪了别人，就会造成难以挽回的后果。

语言是人类交往的工具，我们依赖语言这个工具相互沟通，表达我们的情感，但它同时也是误会和争吵的开始。

一天之中，你的每一句话不可能都是经过思索才说出口的，对那些与你关系不大的人，乱开几句玩笑，随便说点笑话，可能不会产生什么严重的后果；可假若对方是你的爱人、你的上司、你的客户，一切都不同了。任何不经大脑而"随便说说"的话，都有可能给你的家庭或者事业带来灾难。

"张某借了王某的钱不还，存心赖账，真是卑鄙。"昨天你对一个朋友这么说。这话是从王某那儿听来的，他当然站在自己的立场说话。

如果你有机会见到张某，他也许会告诉你，他虽然借了王某的钱，但有房屋契约押在王某那里。因为自己一笔钱被别人耽误了，到期不能清还，只好延长押期。当初王某表示若有需要，随时可以延长押期，而今王某急于拿回现款，张某一时无法立刻付清，既然有抵押物，就不能说他是赖账。

　　首先你要明白的一点就是，你所知道的关于别人的事情不一定可靠，也许另外还有许多隐情你不曾了解。如果你贸然拿你所听到的片面之言宣扬，不是颠倒是非，就是混淆黑白。话说出口就收不回来了，一旦事后你彻底地明白了真相，你还能进行更正吗？

　　事实上人与人之间的关系大半都是如此复杂，因此，在与人聊天中，你若不知事情所包含的内幕，就不要信口开河。

●　●　●

3. 打探别人的薪水，是职场的地雷

　　人在职场中，总是忍不住自己的好奇心，喜欢偷偷打听同事的工资。有的人打探别人时喜欢先亮出自己，比如先说"我这月工资……奖金……，你呢？"如果他比你钱多，他会假装同情，心里却暗自得意。如果他没你钱多，他就会心理不平衡了，表面上可能是一脸羡慕，私底下往往不服，这时候你就该小心了。背后做动作的人通常让你防不胜防。

　　闫妮和甄晓兰在同一家公司工作，是工作上的搭档，两人关系很好。

无论干什么事总是在一起，有什么喜讯都愿意和对方分享。

又到了发工资的时候了，因为上个月他们做的一个预案特别成功，所以老板给他们发了奖金。闫妮打开工资单一看，整整多了五百元的奖金，心里都快乐疯了。旁边的甄晓兰问她发了多少工资的时候，她毫不犹豫地说了出来，虽然公司有规定不让大家互相打听工资。

甄晓兰的脸一下就阴了下来，因为她的工资单上的奖金只有四百元。于是她就想：我和闫妮干的是同样的工作，一起设计一起讨论，凭什么我就比她少一百呢？旁边的闫妮看她脸色不好忙问为什么，她摇摇头，然后自己就走了。闫妮因为奖金很高兴所以没有太在意。

甄晓兰找到老板质问凭什么少发给她一百元的奖金，老板一愣，虽然很反感，但还是告诉她因为闫妮的工作比她严谨，能力比她强，就让她回去了。回到位子上的甄晓兰越想越气，于是就悄悄地给闫妮"栽赃陷害"。不久公司传开：闫妮在做预案的时候贪污了公司的钱。终于事情传到老板的耳朵里，老板把她们俩叫到了自己的办公室。

一进门老板就开口问闫妮："你是不是私自拿公司的钱买东西了？"闫妮一愣，心想：老板是怎么知道的？原来，上个月和甄晓兰一起做预案的时候，自己有一次没有带钱就从公司的钱里面拿了一点，不过事后马上就给补上了。这事情只有甄晓兰知道，难道流言是甄晓兰传出来的？

反观此时的甄晓兰，正一脸严肃地看着她。闫妮心里明白了，她承认了自己拿钱的事情，老板查了查记录，确实也把钱补上了，于是批评道："下次如果再发生这样的情况要先和我说，否则就收拾东西把工位腾出来吧。"闫妮赶紧答应了。

老板转头对甄晓兰说："你为什么陷害闫妮？"甄晓兰不假思索地说："因为我觉得我们的能力一样，她却比我得的工资多，我不平衡！"最后，老板开除了甄晓兰，因为公司不能容忍一个好打听别人薪水而嫉妒心又如此之强的人。

发多少薪水是对你自己劳动价值的一个肯定，而且自己也不能去决定。身在办公室，每个人的学历和能力都不一样，薪水自然也就不一样。去打听别人的薪水只会让自己不痛快，碰到像甄晓兰这样的人，只能是自讨苦吃。

在办公室里，薪水的多少是一个秘密，触碰不得。打听别人的薪水会让别人很难堪，而且给自己的为人也下了一个定义。要明白，别人的薪水多少和你没有关系，即便大家的工作一样，也要看平时的表现以及工作时间的长短。所以碰上发薪水的时候，自己不要去随便打听别人的工资。如果别人打听自己的工资也要懂得拒绝。

首先，我们不要做这样的人。如果你自己都不能把持住自己的嘴巴，那么别人发问时你也不好拒绝。

其次，如果你碰上有这样的同事，最好早做打算。当他把话题往工资上引时，你要尽早打断他，说公司有纪律不谈薪水。如果不幸他语速很快，没等你拦住就把话都说了，也不要紧，你可以直接回绝对方：

"对不起，我不想谈这个问题。"

有来无回一次，就不会再有下次了。如果不好意思直接拒绝，那也可以委婉一点回应。比如："跟你差不多""够我生活的""少得不好意思拿出来谈""多得我怕你会觉得难过"或是"有些事我连我父母都不透露"。

4. 闲谈莫论人非，更不要谈论上司

职场中的人一定要注意，有些话能说，有些话是不能说的。在与同事聊天的时候，一定要避免聊上司的不是，或触碰上司的软肋。说不准，你无心的聊天，被同事拿去当了茶余饭后的传言；等传到上司的耳朵里，不仅你在工作中再也得不到展现的机会，甚至你的工作能不能保住都是一个问题。

张萌大学毕业在一家私企做技术专员，一天在办公室里和同事聊天，偶然聊起了做上司好，还是做员工好的问题。张萌就说："要我选择，我还是选择做员工，做上司也挺累的。比如我们的顶头上司吧！他的上头还有领导，别看在我们面前很牛，在他的上司面前，不还是要点头哈腰的？和一条狗一样。一个人两种姿态，怎么想怎么别扭！"

张萌的同事笑着说："但是，人家的工资比咱们高呀！人家有权力，咱没有呀！"听到这里张萌不屑地说："那都是一时的，我说呀，要是哪天公司不行了，第一个该辞退的就是他！因为他比我们拿的工资多，但是技术上的东西却一点不懂！你说哪天公司不行了，公司是要他，还是要我们？"

张萌以为听到这话同事们都会笑起来随声附和，结果却没有发现一个人在笑，大家都在认认真真地低头干活。张萌没有发现此时正站在她身后的上司，继续说："你们别不信，我有个朋友开的公司就是这样，前期做领导的一个个都牛得不行，当公司陷入低谷，首先倒霉的就是那些做领导的！"

张萌说得激动，手一挥正好打在上司身上，一转头，上司正怒气冲冲

地对着她。张萌心里顿时凉了一截。

张萌的上司不动声色地宣布："我是来向大家宣布一个消息的：刚才总经理开会说我们要在两个月内裁员两名，我一直在想，我们大家都挺努力的，裁谁好呢？"这时张萌发现大家的眼光竟然齐刷刷地对着自己。结果不到两个月，张萌就被辞退了。

中国有句古话讲得好："闲谈莫论人非。"在办公室中我们则应该"闲谈莫论上司"。不论在生活中还是工作中，向上司汇报工作或者闲聊的时候，应客观、准确，尽量不带有个人评价的色彩，以避免无意中的只言片语正好触到上司心里的那根软肋，引起上司的反感。

在办公室待的时间长了，大家难免都会聊点职场上的事，这时候千万要记住：无论别人怎么说，你只需要听就可以了。如果实在要说，就简单陈述自己的观点，表述意见确切、简明和完整，有重点，不要拖泥带水；只对具体的事情，而不要针对某个人。

在我们每个人的职场生涯中，都会有对自己发展起重要作用的人，很多时候这个人就是我们的上司！好的上司会让我们的事业不断地提高，所以和上司处好关系是最重要的。因此，在职场的谈话规则中，避开上司的软肋是非常重要的原则！

萧雅的上司长得不高，身材却很臃肿，走路一扭一扭的，有些同事甚至叫他"猪头"。因为自己的胖，上司一般很忌讳别人说关于胖的字眼。

有一次，中午休息的时候，大家一起在办公室里聊天，说起上大学那会儿时，有一位同事说，当时他们大学最有名的校花竟然看上了一个又矮又胖，长得不怎么样的男生，想来那个女生真是傻冒！

另外一名男同事也接着说："有些人长得不怎样，又圆又矮，真不知道哪里来的那么多信心，追女生、办企业，竟然还挺成功，想不通啊。"

听完这位同事说话萧雅附和了一句："就像'猪头'那样的人，不是也在女人中挺受欢迎的嘛。"说完，萧雅一转身看见上司脸色蜡黄，站在自己的背后，一下子傻了眼，捂着嘴巴往外跑。

如今办公室中有很多外貌有缺陷的上司，最忌讳别人对他外表的评价，不管你是直接的，还是间接的，即使不是说他的，也一定要注意，不然会惹祸上身！因为这样的上司一般自尊心都特别强，经常从别人的话中找到毛病。有时候你无心的一句话也会让他联想到自己的外貌，那时你就百口莫辩了。

办公室里人员复杂，是最容易滋生是非的地方。要想在这里生存，除了好好工作之外，余下的事情最好都不要管！谈论上司的软肋更是不行，即使上司自己听不到，也会被别有用心的人传到上司的耳朵里。

5. 给语言的利剑加上一把 "剑鞘"

直言快语反映出一个人的真诚，是受欢迎的。但若处处直言快语，轻则损害人际关系的和谐，重则造成误解产生麻烦，违背语言交际的初衷。因此，说话时，有时为达到目的，不妨先兜个圈子，因为曲径可以通幽。

有的人虽然态度谦恭，却由于与人沟通时好逞一时口舌之快，常常在不经意间以言语冒犯他人。在一定程度上，言语冒犯带来的恶劣后果要大于"盛气凌人"。言语冒犯有轻有重。轻者，惹人不高兴；重者，则可能伤及人的面子、自尊，使人产生报复心理。

因言语冒犯引发的不愉快是常有的。有的人说话随意，不考虑对方的反应，不考虑说出的话会导致什么后果，常常会给自己惹麻烦。而言语谨慎，不冒犯对方的人，哪怕面对的是一个十足的无赖，也能够从容应对。所以，和人交谈，忌逞一时的口舌之快，更不可恶语冒犯，使人不快甚至痛苦。

梁先生是个口无遮拦、直来直去的人。有一次，他在保龄球馆和同事打球。对方是初学，技术自然不行。出于好心，他便教起对方来。打球过程中，他一会儿说人家"真臭"，一会儿说："你这人看起来挺聪明的，怎么学打球这么笨，脑子是不是进水了？"同事不客气地说："你说话可不可以委婉点？""什么委婉，你笨就笨嘛，还不让人说了，真是的！"同事气得无语，转身走了，两个人闹得十分不愉快。

言语可以是蜜，让人听了心里很舒服；言语又能变成一把刀，刺得人心里流血。前者，会使人对你心生好感，后者则会让人对你痛恨不已，甚至产生报复心理。

直言直语是人性中一种非常可爱的值得大家珍惜的特质，但是在与人交往中，不加刀鞘的"直言直语"却会给有这种性格的人带来致命伤害。

喜欢直言直语的人说话时常只看到现象或问题，也常只考虑到自己的"不吐不快"，而很少考虑旁人的立场、观念以及心理感受。这样就会使别人时时陷入窘境，甚至产生嫉恨心理。于是，他的人际关系就会出现阻碍。

喜欢直言直语的人一般都具有"正义倾向"的性格，其言语的爆发力、杀伤力很强。并且有时候这种人也会变成别人利用的对象，被人鼓动着去揭发某事，或攻击某人。不管成效如何，这种人都是最终的受害者。

直言直语是一把双刃剑，而不是一把可以劈荆斩棘的开山斧。总之，记得在你语言的利剑上加一把剑鞘，让你的语言委婉一些，不要冒犯别人。否则，这把剑刺伤了别人后，也会刺伤你自己。

6. 满饭可以吃，"满话"不能说

古希腊神话里有这样一个传说：

太阳神阿波罗的儿子法厄同驾起装饰豪华的太阳车横冲直撞，恣意驰骋。当他来到一处悬崖峭壁上时，恰好与月亮车相遇。月亮车正欲掉头退回时，法厄同倚仗太阳车辕粗力大的优势，一直逼到月亮车的尾部，不给对方留下一点回旋的余地。

正当法厄同看着难以自保的月亮车幸灾乐祸时，他自己的太阳车也走到了绝路上，连掉转车头的余地都没有了。向前进一步是危险，向后退一步是灾难。

这个故事告诉人们：做事要留有余地，不可把事情做绝了。

人生一世，千万不要使自己的思维和言行沿着某一固定的方向发展到极端，而应在发展过程中冷静地认识、判断各种可能发生的事情，以便能有足够的回旋余地来采取机动的应对措施。

宋朝时，有一位精通《易经》的大哲学家邵康节，他与当时的著名理学家程颢、程颐是表兄弟，同时和苏东坡有往来。但二程和苏东坡一向不睦。

邵康节病得很重的时候，二程在病榻前照顾。这时外面有人来探病，二程问明来的人是苏东坡后，就吩咐下去，不要让苏东坡进来。

躺在床上的邵康节，此时说话已经很困难了，他就举起一双手来，比成一个缺口的样子。程氏兄弟有点纳闷，不明白他这个手势是什么意思。

不久，邵康节喘过一口气来，说："把眼前的路留宽一点，好让后来的人走走。"说完，他就咽气了。

邵康节的话是很有道理的，因为事物是复杂多变的，任何人都不能凭着自己的主观臆断，来判定事情的最终结果。对于每个人来说，其人生都是浮沉不定、难以自料的。

有一个人，因在单位里与同事发生了一点摩擦，很不愉快。一怒之下，他就对那位同事说："从今以后，我们之间一刀两断，彼此再无瓜葛！"

这句话说完不到三个月，他的同事就成了他的上司。因讲了过重的话，他很尴尬，只好辞职另谋他就。

因为把话讲得太满而给自己造成窘境的例子，在现实中随处可见。但这样做的结果，就像往杯子里倒满了水一样，再也滴不进一滴水，否则就会溢出来；也像把气球充满了气，再充气，球就要爆炸了。

做事要留有余地，不要把人逼上绝路；说话也要留有余地，不能把话说得太满。因为凡事总有意外，留有余地，就是为了容纳这些意外，以免自己将来下不了台。

即使与人交恶，也不要口出恶言，更不要说出"情断义绝""势不两立"之类过激的话——除非有深仇大恨。不管谁对谁错，最好都闭口不言，以便他日狭路相逢还有个说话的"面子"。

少对人说绝话，多给人留余地，这样做其实并不仅仅是为对方考虑、对对方有益，更是为自己考虑，对自己有益。总之，这对双方都有好处。

俗话说，"三十年河东，三十年河西"。在社会发展日新月异的当今时代，人情世事的变化速度无疑更快，用不了"三十年"就可能发生此消彼长的变化，人们之间更是"低头不见抬头见"。在这种情况下，如果把话说得太满，把事做得过绝，将来一旦发生了不利于自己的变化，就难有回旋的余地了。

总之，人的一生说短很短，说长也很长，世间事如白云苍狗，变化万千，所以不要一下子把路堵死了，否则对自己是非常不利的。

7. 切记不要在失意者面前谈论你的得意

在事业上有了成就、在家庭中顺风顺水，高兴之余免不了希望在别人面前炫耀一番。其实这些没有什么不可行的，但是谈论你的得意时要注意场合和对象，不要在失意者面前谈论自己的得意事，因为在他听来，你的话对他来说也许是一种言语上的侮辱。

有一次，孟欣约了几个朋友来家里吃饭，这些人都是她以前的旧友。她把他们聚集在一起主要是想借着热闹的气氛，让目前正陷于情绪低潮的孙伟心情好一点。

孙伟不久前因为公司不景气而失业，找了两个月工作都没有结果，女朋友也因为他的窘境向他提出分手。这让他感觉天要塌了一般，非常难受。

来吃饭的朋友都知道这位朋友目前的遭遇，因此大家都避免去谈与事业和感情有关的事，可是，其中一位叫琳达的因为目前赚了很多钱，喝了几杯酒，忍不住就开始谈她的赚钱本领和花钱功夫，那种得意的神情，孟欣看了都有些不舒服。正处于失意中的孙伟低头不语，脸色非常难看，一会儿去上厕所，一会儿去洗脸，后来就找了个借口提前离开了。

孟欣送他到巷口的时候，他很生气地说："琳达会赚钱也不必在我面前说嘛！"

孟欣此时非常了解他的心情，因为以前她也经历过事业的低潮，当有人在她面前炫耀自己的薪水、高档的房子、名贵的汽车，那种感受，就如同把针一支支插在她心上那般，说有多难过就有多难过！

　　因此在与别人相处时一定要注意，切记不要在失意者面前谈论你的得意！但如果你正得意，要你不谈论不太容易，谁不想让别人看见自己的意气风发，所以这也没什么好责怪的。

　　但是谈论你的得意时要看场合和对象，你可以在演说的公开场合谈，对你的员工谈，享受他们投给你钦佩的目光；也可以在家里和你的爱人谈，得到他/她的肯定和支持。但是千万不要对失意的人谈，因为失意的人最脆弱，也最多心，你的谈论在他们听来都充满了讽刺与嘲弄的味道，让失意的人感受到你"看不起"他们。

　　当然也有些人不会在乎，你说你的，他听他的，但这么豁达的人不太多。因此你所谈论的得意，对大部分失意的人是一种伤害。

　　一般来说，失意的人攻击性较少，郁郁寡欢是最普通的心态，但别以为他们只是如此。听你谈论了你的得意后，他们普遍会有一种心理——嫉恨。这是一种在心底深处对你不满的反击，你说得口沫横飞，不知不觉已在失意者心中埋下一颗炸弹。

　　失意者对你的怀恨不会立即显现出来，因为他无力争吵，但他会通过各种方式来泄恨，例如说你坏话、扯你后腿、故意与你为敌，主要目的则是看你得意到几时，而最明显的则是疏远你，避免和你碰面，以免再见到你，于是你不知不觉就失去了一个朋友。

　　无论是从人际方面考虑，还是从是否在事业上树敌的立场出发，我们都应该尽量避免得罪人，你要明白，这对你是绝对没有坏处的。所以，当你有了得意事，不管是升了官、发了财、或是一切顺利，切忌在正失意的人面前谈论它们。

我的低调
要让全世界
都知道

第六章

总把自己当最聪明的人，
一定是碌碌无为的命

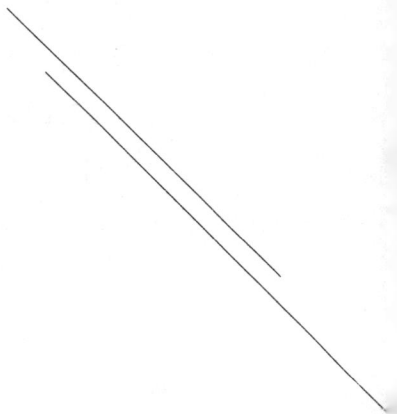

1. 嫉妒不可怕，可怕的是不能正视嫉妒

喜欢嫉妒的人，总是容易心怀不满，动辄生气。生气，既显示了自己的气量狭小，又起不到任何作用。因此，与其干坐着生气，倒不如好好争口气。

每个人都应该是自己人生的建造者。既然生活是自己创造的，心情是自己营造的，就用不着为那些不着边际的琐碎小事生气。也许你会说，我就是眼红，我就是忍不住，那么，你可以试着转换思维：如果你觉得别人比你好，比你出色，你就加把劲赶上去，力争上游。有意识地提高自己的思想认识水平，正是消除和化解嫉妒心理的直接对策。

尽管嫉妒和羡慕只是一线之隔，却有着天渊之别。嫉妒的人是在打击别人的过程中寻找快乐，以求得心理平衡，而他们自己的生活却搞得一团糟。

学会熔炼嫉妒，那就是把本能的嫉妒转化为进取的动力，把不平静的心态归于平静，把蔑视别人的目光转到自己的短处上，这样嫉妒就会变成一种催人奋发的动力。

其实我们大可不必嫉妒他人，俗话说，"尺有所短，寸有所长"。每个人都会有长处和短处，为什么要用自己的短处与别人的长处比，自寻烦恼呢？相反，我们可以把嫉妒化成动力，用自己的努力去缩短与别人的差距，甚至超越他人，换成别人对我们的羡慕。

如果一个人很喜欢与别人进行比较，同时又不能对自己做出正确的评价，就会产生嫉妒。比较会导致自卑，失去信心，当机会再一次来临时，

就会失去尝试的勇气，连超越他人的志气都会化为乌有。

工作及社交中嫉妒心理往往发生在双方及多方，因此要注意自己的性格修养，尊重与乐于帮助他人，尤其是自己的对手。这样不但可以克服自己的嫉妒心理，而且可使自己免受或少受嫉妒的伤害。同时还可以取得事业上的成功，又能感受到生活的愉悦。

与其嫉妒那些比自己强的人，还不如把嫉妒变为动力，多结交一些比自己强的人，从他们的身上学习成功的经验，提高自己的能力，促使自己也成功。

美国一位名叫阿瑟·华卡的农家少年，一直很嫉妒那些商界的成功人士，但是他是一个好强的人。有一天在杂志上读了大实业家亚斯达的故事，他很嫉妒亚斯达能有这样巨大的成功，但转念一想，为什么自己要在这嫉妒呢？再怎样嫉妒都不可能像他那样成功，何不向他请教，对他的成功经历了解得更详细些，并得到他的忠告呢？这样自己或许也能取得成功。

有这样的想法与动力后，他跑到了纽约，也不管几点开始办公，早上7点就来到亚斯达的事务所。在第二间办公室里，华卡立刻认出面前这位体格结实、浓眉大眼的人就是亚斯达，这让他兴奋不已。一开始，高个子的亚斯达觉得这少年有点讨厌，然而一听少年问他"我很想知道，我怎么才能赚一百万美元"时，他的表情变得柔和并微笑起来，两人竟谈了差不多一个小时。随后亚斯达还告诉华卡该怎样去访问其他实业界的名人。

华卡照着亚斯达的指示，遍访了那些曾让他嫉妒的一流的商人、总编及银行家。在赚钱方面，华卡所得到的忠告并不见得对他有所帮助，但是能得到成功者的赏识，这给了他自信，他开始化嫉妒为奋进的动力，仿效他们成功的做法。

过了两年，这个20岁的青年，成为当初他做学徒的那家工厂的所有者。24岁时，他成了一家农业机械厂的总经理，就这样，在不到5年的时间里，华卡就如愿以偿地赚到了百万美元。后来，这个来自乡村粗陋木屋的少年，又成为一家银行董事会的一员。

华卡在以后的创业过程中，一直实践着他年轻时到纽约学到的基本信条：多与比自己优秀的人结交，把嫉妒别人转变为学习别人的长处，以此来帮助自己成功。

华卡的做法是值得我们学习的，我们可以把嫉妒对象当作对手，不是向他攻击而是向他挑战、学习。俗话说："只要功夫深，铁杵磨成针。"很多事情别人能干，自己也一样能干，而且可能会做得更好。

比尔·盖茨说："和那些优秀的人接触，你会受到良好的影响。"然而要与优秀的人物缔结友情，跟第一次想赚百万美元一样，起初是相当困难的。其中的原因并不在于对方的出类拔萃，而在于我们自己的嫉妒之心，不愿友好地进行沟通与交往。

但是我们不得不承认与比自己强的人结交是很有好处的。

第一，和比自己优秀的人在一起，我们就会嫉妒别人，容不得自己不如别人，别人行，我一定也行，于是想方设法要超过别人，这样就将嫉妒之心转化为好强的求胜之心，促使我们能够很快地成长并超越别人。

第二，结交一个优秀的人，比我们作的任何决定都来得重要。因为，借由他们的成功经验、成功模式，能使我们在非常短的时间内，产生非常大的效益。他们也把他们失败时做错的事情告诉我们，哪些是我们不要做、不能犯的错误。他们会让我们省下非常多的时间，走对方向，少走弯路。

看到与自己所嫉妒的人之间的差距，以所嫉妒的人为榜样，为目标，扬长避短，择其善而从之，见其恶而避之，自己努力改进，迎头向上，积极地将嫉妒心理转化为进取的动力，不会让嫉妒使自己的心理不平衡。

同时我们应当认识到，有些事情是不取决于人自身的。如一个人的出身、相貌等，不是想改变就能改变的，因此我们没有理由去嫉妒别人。我们要挖掘己不如人的根源。要弄明白别人到底为什么比自己强。也许，他取得的成绩是努力拼搏的结果，我们自己是不是做得还很不够呢？如果是，我们应当提醒自己加倍努力。

"山不厌高，海不厌深"，"山不辞石，故能成其高；海不辞水，故能成其大，君不辞人，故能成其众"，"合抱之木，始于毫末；千里之行，始于足下"。既然已知自己的弱处，既然看到自己与别人的差距，就不该将精力浪费在嫉妒别人之上，而应该知耻而后勇，化嫉妒为拼搏的动力，注意点滴的积累，从今天开始，从足下开始，不耻下问，不疲请教。"箭欲长而不在于折他人之箭""天外有天，人上有人"，茫茫人海总有人会有一面长于自己，此时我们不应嫉妒他人，而应觉得不甘心，积极地提高自身的价值与素养。"寇可往，我亦可往"，别人能做到，我为什么不能做到？只有具备这样的思想，才能迎头赶上，进而后来居上。

对别人产生嫉妒并不可怕，关键要看我们能不能正视嫉妒。如果能把嫉妒转化为成功的动力，时时鞭策自己，化消极为积极，往往会使我们赶上甚至超过别人。

2. 事情永远不会因为你的抱怨而变得更好

如果你想抱怨，那么生活中的一切都能够成为你抱怨的对象；如果你不抱怨，生活中的一切就都会变得美好。一味地抱怨不但于事无补，反而还会使事情变得更糟。

很多人一味地抱怨、发牢骚，却不想办法去行动，去努力改变，结果是，事情永远不会因为你的抱怨而变得更好。

如果你被别人欺骗了，你可以怨天尤人，痛骂社会，甚至自责，但事情却不因这些而改变，这一切只改变了你和日后的生活，让你负着疤痕活下去。大部分人都是这么一直抱怨下去，让局面来控制我们的。

现实中存在不少这样的人，他们把抱怨当成是聊天的一个内容，而不会寻找其他的话题。即使没有特别的事情发生，人们可以抱怨的事情也可以是五花八门的：天气、交通状况、商场里拥挤的人群、银行里的长队、变老的事实、待遇太少、疾病的困扰、子女的问题等。

大多数人都会觉得抱怨是很好的发泄工具，在受到挫折或面临困难的时候放松自己的心情，然而往往忽略这种情绪对自己的严重影响。

爱抱怨者，可能很难意识到：很多抱怨都是他们自己一手造成的！你的工作没做好，上司自然会找你麻烦；你不注意减肥，当然没有适合你的衣服；你不看天气预报，被雨淋了又能怪谁？所以当你试图抱怨的时候，不妨先从自己身上找找原因。否则，一旦你养成了抱怨的习惯，就会把自己的问题隐瞒起来，结果你成为问题重重的员工，上司只能痛下决心将你辞退；你会失去那些本来喜欢你的朋友，因为你的抱怨让他们感到心烦；

你的家人会感到失望，因为你让他们跟着你遭受了太多的不愉快。这会形成恶性循环，你的抱怨更加严重，你的心境会变得更加糟糕！

如果一个人把抱怨当成习惯，就会失去与别人交流的能力。

你有没有这种经历？在你心情很好的时候碰到一个人，这个人上来就说天气有多么糟糕，他的生活多么黯然无光，这个时候，你的大脑会随着他的语言思考，结果，你脑中的画面是一幅幅不愉快的景象，你的心情也会因此而变得莫名压抑。下一次，你会尽量避开与这个人交流。

下面是一些制止抱怨的具体技巧，能让你更有效地把抱怨转化为隐忍。

（1）稍稍休息一下。

要减轻情绪波动所造成的负面影响，最简单的办法就是暂停接触，稍事休息。当双方都怒气冲冲或不满情绪高涨时，适当地休息一下能防止双方关系全面恶化。双方都能利用这个机会平静一下，想一想继续交往下去可能会带来的好处，并且琢磨出一个既能处理眼前问题，又不至于激怒对方的办法。借这个休息机会，我们还可以在手边的一些琐事上进行合作，比如一块儿修咖啡机，打开窗户换换新鲜空气，从而改变一下气氛。

（2）从一数到十。

我们都希望考虑周全了再行动。有时候，情绪上来得很快，还没等我们意识到就已然受其控制，从而不假思索地干出冒失事儿来。这种贸然举动又会激化对方的情绪，由此形成恶性循环。

碰到这种情况，不妨从一数到十，强迫自己想想究竟是什么原因促使对方说出那样的话，然后想办法使谈话更富成效。每次回应对方之前，都有必要问一问自己："此刻我的目标是什么？"

（3）咨询请教。

如果当时情绪剑拔弩张，或另有原因双方不能沟通，可以找一位朋友或同事咨询一下。我的意见可行吗？不利的方面是什么？是否另有妙计？

3. 淡化自己的"优位"，减少别人的"敌意"

从心理学角度来看，所谓淡化优位就是淡化嫉妒：当自己明显比别人强时，你在感情上还是要和大家在一起，这样别人就不会再嫉妒你了，也会认为你是靠自己的努力得来的优位。

（1）介绍自己的优位时，强调客观因素以冲淡优位。

你被派去单独办事，别人去没办成，而你却一下子办妥了。这时，你若开口闭口"我怎么怎么"，只能显出你自认为比别人高一筹、聪明能干，而招致嫉妒和不满。如果你这么说："我能办妥这件事，是因为我卖力肯干。"这样就容易让人觉得你处于优位是理所应当的，因而会嫉妒你的能干。但如果你换一种说法："我能办妥这件事，一方面是因为前面的XX去过了，打了基础，另一方面多亏了XXX的大力帮助。"这就将办妥事的功劳归于"我"以外的外在因素"XXX"上去了，从而使人产生"还没忘了我的苦劳，我要是有群众的大力帮助也能办妥"这样的自我安慰的想法，心理上得到了暂时平衡。"我"在无形中便被淡化了优位。

（2）言及自己的优位时，应谦和有礼以淡化优位。

人处于优位自是可喜可贺的事。加上别人一提起一奉承，更是容易陶醉而喜形于色，这会无形中加强别人的嫉妒。所以，面对别人的赞许恭贺，应谦和有礼、虚心，这样，不仅显示出自己的君子风度，淡化别人对你的嫉妒，而且能赢得众人的尊敬。

"小李毕业一年多就提了业务厂长，真了不起，大有前途呀！祝贺你啊！"在外单位工作的朋友小张十分钦佩地说。"没什么，没什么，老兄你过奖了。主要是我们这儿水土好，领导和同事们抬举我。"小李见同一年大学毕业的小王在办公室里，便压抑着内心的欣喜，谦虚地回答。小王虽然也嫉妒小李被提拔，但见他这么谦虚，也就笑盈盈地主动招呼小张了："来玩了？请坐啊！"

不难想象，小李此时如果说"凭我的水平和能力早可以提拔了"之类的话，那么小王肯定嫉妒心大起，更不可能与小李和平相处了。

（3）不宜在优位者的同事、朋友面前特意夸奖优位者。

显然，谁都希望处于优位而得到他人的夸奖，但事实上人与人总会有悬殊的差别。当同事、朋友各方面条件都差不多，其中有人处于优位，别人若不提及还不觉得。一旦有人提起，其他人听了就不好受，难免会妒火中烧。所以，作为不会对此嫉妒的旁人，一定不要在优位者的同事、朋友等多人场合特意夸奖优位者。否则，不仅会引发和加强其对优位者的嫉妒，还可能同时引起他对你们"密切关系"的嫉妒。

某单位宣传部干事小张在较有影响的报刊上发表了几篇理论文章。团委小高在工会宣传干事小王面前羡慕地夸奖道："小张真不错，最近又有一篇文章在某某刊物上发表了！"小王顿时敛住笑容，酸溜溜地说："他有那么多闲工夫，发两篇文章有什么了不起的？哼！"小高见状，自知失言，让小王觉得挂不住脸了，只好尴尬地点头笑笑，走出了工会办公室。

这里，小高就是犯了大忌：在可能产生嫉妒的敏感区偏偏又增添了引发嫉妒的"发酵剂"。

（4）突出自身的劣势，故意示弱以淡化优位。

如同"中和反应"一样，一个人身上的劣势往往能淡化其优势，给人以"平平常常"的印象。当你处于优位时，注意突出自己的劣势，就会减轻嫉妒者的心理压力，产生一种"哦，他也和我一样无能"的心理平衡感觉，从而淡化乃至免却对你的嫉妒。

比如，你是大学刚毕业的新教师，对最新的教育理论有较深的研究，讲课亦颇受同学欢迎，以至引起一些任教多年却缺乏这方面研究的老教师的强烈嫉妒。这时，你若坦诚地公开、突出自己的劣势：没有一点教学经验、对学校和学生的情况很不熟悉等等，再辅以"希望老教师们多多指教"的谦虚话，无疑会有效淡化自己的优位，衬出对方的优位，减轻弱化老教师对你的嫉妒。

（5）不要当众说"我们怎么怎么"，以免给人以"厚他薄己"之嫌。

在众人面前谈某群体中的某人时，你若说"我们很要好""我俩情同手足""和你们单位的某某交情很深"之类的话，对方很容易产生你"厚他薄己"的冷落感。因为这种复数关系称谓具有明显的排他性。对方会觉得被你称为"我们"中的人员是优位的而滋生嫉妒。

（6）强调获得优位的"艰苦历程"以淡化嫉妒。

通过艰苦努力所取得的成果是很少被人嫉妒的，如果我们处于优位确实是通过自己的艰苦努力得到的，那么不妨将此"艰苦历程"诉诸他人，加以强调以引人同情，减少嫉妒。

比如，在邻居、同事还未买车的时候，你却先买了。为了免受"红眼"，你可以这么说："我买这车可不容易，你们知道我节衣缩食积攒了多少年吗？整整六年啊！辛苦啊！我们夫妻俩都是低工资，一毛钱一毛钱地攒，连场电影都舍不得看，太难了……"

听了这些话，对方就很难产生嫉妒之心。相反，或许还会报以钦佩的赞叹和由衷的同情。

（7）切忌在同性中谈及敏感的事情。

女性之间的嫉妒最容易因容貌而起。女人爱嫉妒，而一些女人又往往因为容貌姿色才处于优位。所以，女人对容貌、衣着以及风度气质所带来的爱情生活、夫妻关系等相当敏感，很容易产生嫉妒。

一个姑娘因有一张漂亮的脸蛋而被不少小伙子包围着，那些容貌平平的没有人追求的姑娘，自然会对她产生嫉妒。这时，你作为男性，千万不要在女性之间当面夸赞其中某一姑娘："某某真漂亮！""某某的穿着打扮真时髦！""某某的气质太迷人了！""某某的男朋友我见过，特帅，特有魅力！"这不仅会引起其他女性的嫉妒，而且会让她们对你产生一种莫名的敌意。

男性之间的嫉妒则最容易因名誉、地位、事业而引起。男人对社会活动能力、工作业绩、创造手段等最为关注，也最易因此相互嫉妒。

比如，某人升了职而赢得不少漂亮姑娘的追求。某人因才华出众、能说会道而显身扬名等等，都会受到身边其他男人的嫉妒。因此，在男性之间，作为女人不宜当众评头论足，说"某某真能干！""某某女朋友真标致！""某某和你一块来的吧？现在已经是厂长了！"尤其作为妻子，更不宜有所比较地奚落自己的丈夫："你看人家小王，学理科的出身，却发表了那么多的小说，稿费一拿就是几万块！亏你还是学中文的！"

如此，就是再敦厚的人也会生出对他人的嫉妒之心来，引起家庭、邻里、同事之间关系的僵化和冷漠。

学会淡化别人的嫉妒心理，将有利于促进同事、朋友、邻里及多种范畴内的人们彼此减少敌意和隔阂，使人们乐于接受和成为优位者。

4. 再强也不要和别人比，再弱也要和自己比

在生活中，我们不自觉地在自己心目中塑造了很多的偶像，并且渐渐地习惯了仰视这些偶像，觉得他们高不可攀，其实这是人生最大的失误，生命没有高低贵贱，任何时候都不要看轻了自己。一个人再强也不要和别人比，再弱也要和自己比。只有挑战过了自己，把以前的自己比下去了，你才能比别人强。

二战后受经济危机的影响，日本失业人数陡增，工厂效益也很不景气。一家濒临倒闭的食品公司为了起死回生，决定裁员三分之一，其中清洁工、司机、无任何技术的仓管人员首当其冲。这三种人加起来有30多名。

经理找他们谈话，说明了裁员意图。

清洁工说："我们很重要，如果没有我们打扫卫生，没有整洁、优美、健康有序的工作环境，你们怎么会全身心投入工作？"

司机说："我们很重要，这么多产品没有司机怎能迅速销往市场？"

仓管人员说："我们很重要，战争刚刚过去，许多人挣扎在饥饿线上，如果没有我们，这些食品岂不要被流浪街头的乞丐偷光？"

经理觉得他们说的话都很有道理，权衡再三决定不裁员，而是重新制定了管理策略。

最后经理令人在厂门口悬挂了一块大匾，上面写着："我很重要。"

每天当职工们来上班，第一眼看到的便是"我很重要"这四个字。不

管一线职工还是白领阶层，都认为领导很重视他们，因此工作也很卖命。

这句话调动了全体职工的积极性，几年后公司迅速崛起，成为日本最有名的公司之一。

所以任何人只要认为自己很重要，那么他就有可能创造出奇迹。

成才的道路有千万条，每个人都可以选择一条适合自己的路来走，最关键的不是向别人看齐，而是能够给自己做出正确的估价。

俗话说："尺有所长，寸有所短。"每个人都有自己的长处和短处，如果只看见自己的短处而看不见自己的长处，或者夸大短处而缩小长处，都是自卑的表现。拿自己的短处去跟别人的长处相比的话，那么任何人都无法自信起来。

有一个女孩，左额头上有一块伤疤，这让她觉得自己很丑，对自己的形象非常没有信心，不愿意和别人打招呼，甚至不愿意抬头走路，情绪每天都很低落。

一天，妈妈送了她一只发卡，说把这个发卡别在头发上，就能挡住那块伤疤了。女孩对着镜子把发卡别好，确实遮住了伤疤，她立刻觉得自己变漂亮了，于是就别着发卡出门了。在刚出家门的时候，由于她太高兴了，不小心和迎面走来的一个人撞上了，她面带微笑地说了声"对不起"，就去上学了。

一整天，女孩都觉得心情很好。好像每个人对她都比平时更亲切，她也主动和别人打招呼，上课听讲也更认真了，因为她觉得好像每个老师都在注意她。尤其是在放学的时候，几个平时不怎么说话的同学，居然来找她一起回家。

回到家里，女孩兴奋地和妈妈说："妈妈，你送给我的这个发卡实在太神奇了！今天我感觉特别棒，从来没有感觉这么好过。"接着，她就把当天在学校发生的一切和妈妈讲了。

妈妈听后，纳闷地说："女儿，可是你今天并没有戴这个发卡啊，你看，早上你出门后，我在门口捡到了它！"

故事中这个女孩产生的变化，就是因为收到了积极的自我暗示。坚持心理上积极的自我暗示，对改变个人现状、获得新的做事思路是非常重要的。

那么，在实际生活中，怎样通过积极的心理暗示来决定处理事情和开展工作的思路呢？

（1）利用语言的自我暗示。用于自我激励的话，要有积极、肯定的意义。如："我是独一无二的""我对自己充满信心"。

（2）利用环境的自我暗示。环境的意义很广，可以是人，是物、是光、是声等。例如心情烦躁时可以听听曲调舒缓的音乐。

（3）利用动作的自我暗示。紧张不安时，可以扩胸做深呼吸；心情烦闷时，可以反背双手散步。

（4）利用自我"包装"的自我暗示。剪短头发使人年轻精干、长发披肩使人潇洒美丽。服装样式很少改变，暗示保持自己个性不随波逐流。

（5）利用心理图像的自我暗示。消极悲观不如意时，回忆过去取得成功的愉快情景；身处逆境，信心动摇时，想象成功人士艰苦奋斗的情景。

5. 鸡毛蒜皮的小事，一笑就过去了

著名的心灵导师戴尔·卡耐基认为，许多人都有为小事斤斤计较的毛病。人活在世上只有短短几十年，却浪费了很多时间，去愁一些一年内就会被忘掉的小事。

1945年3月，罗勒·摩尔和其他87位军人在贝雅·SS318号潜艇上。当时他们的雷达发现一支日本舰队朝他们开来，于是他们就向其中的一艘驱逐舰发射了三枚鱼雷，但都没有击中。这艘舰也没有发现。但当他们准备攻击另一艘布雷舰的时候，它突然掉头向潜艇开来（是一架日本飞机看见这艘位于60英尺深的潜艇，用无线电告诉了这艘布雷舰）。他们立刻潜到150英尺深的地方，以免被日方探测到，同时也准备应付深水炸弹。他们在所有的船盖上多加了几层栓子，同时为了沉降保持安静，他们关闭了所有的电扇、冷却系统和发动机器。

3分钟之后，突然天崩地裂。6枚深水炸弹在他们的四周爆炸，把他们直往水底压——深达276英尺的地方。他们都吓坏了。按常识，如果深水炸弹在离它17英尺之内爆炸的话，差不多是在劫难逃。那艘布雷舰不停地往下扔深水炸弹，攻击了15个小时，其中有十几个炸弹就在离他们50英尺左右的地方爆炸。他们都躺在床上，保持镇定。但罗勒·摩尔却吓得不敢呼吸，他在想："这回完蛋了。"在电扇和空调系统关闭之后，潜艇温度升到近40度，但摩尔却全身发冷，穿上毛衣和夹克衫之后依然发抖，牙齿打颤，身冒冷汗。

15小时之后，攻击停止了，显然那艘布雷舰的炸弹用光以后就离开了。这15小时的攻击，对摩尔来说，感觉上就像有1500年。他过去的生活都一一浮现在眼前，他想到了以前所干的坏事，所有他曾担心过的一些无稽的小事。

在他加入海军之前，他是一个银行的职员，曾经为工作时间长、薪水太少、没有多少机会升迁而发愁；他也曾经为没有办法买自己的房子，没有钱买部新车子，没有钱给妻子买好衣服而忧虑；他非常讨厌自己的老板，因为这位老板常给他制造麻烦；他还记得每晚回家的时候，自己总感到非常疲倦和难过，常常跟自己的妻子为了一点儿芝麻小事吵架；他也为自己额头上的一块小伤疤发愁过。

多年以前，那些令人发愁的事看起来都是大事，可是在深水炸弹威胁着要把他送上西天的时候，这些事情又是多么的荒唐、渺小。就在那时候，摩尔向自己发誓，如果他还有机会见到太阳和星星的话，就永远不会再忧虑。他认为在潜艇里那可怕的15小时里所学到的，比他在大学读了四年书所学到的要多得多。

针对人们都有烦恼的习惯，卡耐基曾给出了一些富有哲理的法则：

"生命太短暂，不要再为小事烦恼；

"当我们害怕被闪电击倒，怕所坐的火车翻车时，想一想发生的概率，会把我们笑死；要懂得闲暇时抓紧，繁忙时偷闲；

"对必然的事轻快地承受，就像杨柳承受风雨，水接受一切容器一样；

"如果我们以生活来支付烦恼的代价，支付得太多的话，我们就是傻瓜；

"当你开始为那些已经过去的事烦恼的时候，你应该想到这个谚语：不要为打翻了的牛奶而哭泣。"

6. 无论是新人还是老手，都要低调再低调

如果高调做事是一种成功的出击，那么低调做人就是胜利的防守。在职场中低调做人很重要，把自己的定位放低了，才能看见更多的东西；把姿态放低了，他人才能更容易走近你；把锋芒掩藏了，他人才愿意帮助你。能让他人主动地走近自己，这不仅是和谐人际的开始，更是良好人际的保鲜剂，可以说，低调做人是职场人生中永远不能丢掉的功课。

郑重读大学时是一个各方面能力都很突出的学生，毕业后顺利地进入一家很不错的公司。郑重认为，只要认认真真地工作，肯定会得到同事的认可和老板的栽培。进入这家公司的几年时间里，他兢兢业业地工作，每天第一个来到公司，最后一个离开。凭借自身的能力和对工作的极大热情，他很快就取得了良好的业绩，领导也多次在开会时表扬他。

事业上顺利的成长让他渐渐有点骄傲自满了。对一些稍有难度的工作，他故意在同事面前把它说得很轻松，好显示自己很有能力。

他经常对同事的工作指指点点："你怎么能这么做呢？你都不会……"看他人做得不好，他甚至半路"拦截"下他人的事情，也不管同事是否拜托他。慢慢地，大家对他有些微词，可是他浑然不觉，一直沉浸在自己的小成就里。

有一次，公司全体员工开例会，领导把近期的业绩做了一个总结，并下达了下一阶段的工作任务。作为会议的结束语，领导问大家还有没有要

说的，郑重听后觉得有一个很重要的事情领导说得不是太全面。于是，他说他有问题要补充，接着就开始宏篇大论，甚至在言辞上还驳斥了领导的观点。在听取了郑重长达十几分钟的"演讲"之后，领导面有难色地表示郑重补充得很好，值得大家学习。

从那次以后，郑重发现领导在有意地冷落他，很多决策不再找他商量。进而又发现同事跟他说话只是保持客气，后来干脆故意跟他拉开距离。

站在创造业绩的角度上说，郑重是一名优秀的员工；但是在人际关系上，他是一名典型的失败者。他的失败之处就是不会遮掩自己的锋芒，给同事和领导造成了很大的压力和不满。

办公室里要靠种种微妙的关系保持人与人之间的平衡。每个人都有自己的生存空间，当我们想舒展一下四肢的时候就要注意不要碰到了他人。

职场里非常忌讳人人带着锋芒，在我们还是职场新人的时候，首先要做的就是审视自己，摆正自己的社会角色，调整好心态。

置身于新的环境，需要我们放低姿态，低调做人。

凡事要勤奋，要尊重一起工作的领导和同事，多交流，以谦虚谨慎的态度面对工作。工作中遇到不懂的地方要虚心请教他人，出现了错误不要推卸责任，应该主动坦白并承担。每天要微笑着上班，微笑着下班，时时调整状态，给人一种精神饱满、充满活力的积极印象。

所以说，不管是职场新人还是意气风发的职场达人，都要时刻谨记下面几点：

（1）端正自己为人处世的态度，那就是：低调，低调，再低调！

（2）谦虚的态度要落实到每个人、每件小事上。

（3）讲求团队合作。在工作中要善于合作，形成合力。

（4）遇到误解和委屈的时候不要大声辩解，要学会冷处理这些"热"情绪。

（5）遇到恶意的攻击时要告诉自己，人无完人，没有哪个人能被所有的人接受，在职场上遇到他人不友善的目光和言行时，不必报之以恶言，还之以颜色，要做一个不战而胜的聪明人，用沉默、低调和善意的姿态回敬他，练就不卑不亢的人格力量以征服他人。

7. 给人一种"明天会更好"的感觉

　　杨超，在某IT企业工作了10年，在公司面临金融危机冲击的时候，杨超隐约听说有一次裁员风波，他思前想后，决定"先发制人"，于是他大显身手，一鼓作气地写了很多策划案，推出了很多新的活动，公司里的人们都看到他忙得不可开交。可是后来，他却被老板委婉地"劝退"了——理由是经济危机时期，公司要节源开流。"你这样出色的人，我相信到哪里都会被重用的。"老板的话让杨超哑巴吃黄连，有苦说不出。

　　程立，在一家私人公司工作了8年，觉得公司的制度越来越混乱，上司任人唯亲，他几次向上面反映不见效果，决定跳槽到大型企业去求发展，在面试的时候，对方的HR问他为什么离开公司，他实情相告。结果对方的HR认为程立过于个人主义，过于强势，没有录用。

　　孙璐，在某杂志社工作了10年，杂志社主编和她同是单亲妈妈，一来二去两个女人距离越走越近，孙璐总觉得大家都是女人，都不容易，渐渐地把上司当成好姐妹看待，还热心地给上司参考身边的追求者等，最近却感觉上司离她越来越远，约她吃饭逛街都被拒绝了，不仅如此，自己的策划案还屡次遭到了否决。

第一个例子告诉我们：被"节"掉的是大都不是人们想像中的那些平庸的员工，而是那种表现得"非常出色"、甚至公司里的很多人都唯他"马首是瞻"的人——唯恐不能精明到极点，这才是真正的愚蠢。

第二个例子告诉我们，职场根本没有"真正"的公平可言，这是"最基本"的游戏规则，不懂的人就得出局。

第三个例子告诉我们，把上司当朋友是职场最危险的雷区——尤其对于女人而言。

你一定知道水泊梁山的晁盖，他名义上是第一把交椅，但是却远不如二把手宋江在兄弟们心中的地位高——这样的"老大"心里能乐意吗？

在此，想告诉职场精英们一个道理：有时候在上司面前装傻充愣才是真正的聪明。

知道了这个道理，我们就明白办公室斗争的险恶——出色的精英未必能得到上司的青睐，而本身还有许多空白需要填补的员工反而会赢得更多的机会。

这不是让你消极怠工，而是一条职场最基本的攻心术——到了这个时候，你千万别让人觉得你是"今天最好"的那一个，因为"今天最好"就意味着被打入了"瓶颈时期"——老板看不到你的潜能，所以，一定要给人一种"明天会更好"的感觉！

那么，怎么给人留下"明天会更好"的印象呢？

首先，要对上司忠诚。

人有旦夕祸福，哪个上司都不希望下属在自己落难的时候做出"墙倒众人推"的事来，因而，如果你认为现任上司还不错，那么就不要"朝秦暮楚"。最起码，不要随便发泄对上司的不满，一传十，十传百，说不准就传到了上司的耳朵里。

其次，千万不要让上司觉得你对他而言是一种危胁。

纵观中国古代帝王，似乎每一个开国皇帝都喜欢在高坐龙椅后大开杀戒，将那些有功之臣一个个赐死。比如说汉高祖和明太祖，一统江山后都成了"刀俎"。而且这种"习俗"似乎从古代的政治斗争延续到了现代的商场博弈，皇帝谋害功臣，老板开除功臣……反正功臣就得功成身退。难道说"卸磨杀驴"已经成了一种流行？

这里不得不提一个心理学名词——投射效应。

"投射效应"是指人们很容易以己度人，认为自己具有某种特性，他人也一定会有与自己相同的特性，这是一种把自己的感情、意志、特性投射到他人身上并强加于人的认知障碍。

简单地说就是："我是这么想的，想必你也是这么想的。"这就解释了为什么开国皇帝喜欢杀大臣了——"你帮我打下江山，难保心里没存着和我一样坐江山的想法。"同样的道理也可以用到职场上——"你这么优秀，难保心里没想过要坐我的位置。"

那么如何化解上司的这种心理效应呢？除了前面说过的，能力方面不要表现得"风头太盛"外，还要注意几个方面：

（1）不要掌握上司的秘密，不要参与上司的"阴谋"。你这样做无非是避免两个可能的结果：一、东窗事发，你和上司一起走人；二、在东窗事发之前，你成了上司的"炮灰"。

（2）自己要懂得激流勇退，见好就收。如果与上司的关系渐渐向伴君如伴虎方向发展了，那么干脆主动请辞，别给上司这只老虎拿你开刀的机会。

最后，在上司面前一定要表现得谦逊好学。

　　主动请上司指出自己工作中的不足，对上司的指点表现出一种如饮甘霖醍醐灌顶的态度，上司就会认为你"孺子可教也"。

　　有的人认为上司对自己工作中的指点是找麻烦、刁难，更有甚者认为上司的工作能力还不如自己，干脆"退位让贤"算了，这些都是职场心理的陷阱，是挖个坑自己往里面跳的愚蠢举动。

第七章

没什么不好意思，
打肿脸充胖子也未必落好

1. 压力山大？因为你"有求必应"

很多人认为，讨好别人是获取好人缘的最好方式，那么对于别人的请求和要求，自然不能拒绝。或许这样真的可以得到好口碑，可失去的却是你自己的生活。因为当你对别人的要求照单全收之后，生活的主动权也就拱手交给了他人。

有人说，逆来顺受才能飞黄腾达，言听计从才能相安无事。这似乎已经成了很多人为人处世的最高准则。所以，我们在面对来自于他人的压力时，只能默默承受，因为如果表示反抗和拒绝，可能就会给自己惹来很多麻烦：家人的冷眼，朋友的绝交，领导的不满，客户的投诉，同事的忌恨……似乎只要说出一个"不"字，这个世界马上就会抛弃我们。于是为了维护自己的人脉，为了顾全自己的脸面，不得不选择委曲求全。

但这样做真的有用吗？

小何是刚进公司的大学毕业生，因为资历浅，工作经验也不足，所以领导还不放心把比较复杂的工作交给她，只让她负责一些行政方面比较简单的事情，比如收发邮件、打印报告或是帮领导送个东西等。

但是，人毕竟要成长，半年的时间过去以后，小何变得越发成熟，对公司的各项业务也都了然于胸了。因此领导重新调整了她的岗位，让她开始参与一些更为重要的工作。可是，在很多同事眼里，小何还是那个刚进公司的小姑娘，总是不自觉地将一些琐事交给她去做。

"小何，把昨天的那份报告帮忙拿过来。"

"小何，受累帮我订一份午餐。"

"小何，我的办公桌有点乱，你不忙的时候帮我收拾下吧。"

······

新的岗位本来就有很多工作等着小何去做，可是她又不好意思拒绝同事们的各种请求。于是，她一边帮同事处理琐事，一边做自己的工作。但一心终究不能二用，她的"热心肠"使她在本职工作中出现很多不必要的疏漏。

有一次，小何正在赶文件，部门的一位同事找到了她，想让她帮忙把一份材料送到分公司。本来小何有心拒绝，可又怕因此影响了同事之间的关系，还是不情愿地放下了自己手头的工作去帮了忙。可当她回到公司以后，遭到了领导的严厉批评。领导认为她工作不专心，耽误了文件完成的进度。"送材料是你的本职工作吗？一个人连自己的本职工作都做不好，还有心去帮助别人吗？"领导的话让小何很委屈，她默默地流下了泪水。

热心帮助同事当然没有错，因为良好的人际关系对职场人士来说至关重要，可这并不代表我们在任何时候都不能拒绝。归根结底，小何在公司的表现能否得到别人的认可和接受，还是取决于她在本职工作中的表现，而不是她帮同事送了多少材料，替同事订了多少次午餐。一个人即使真的很热心，也要以做好自己的事为前提，适当地对周围的人说"不"，拒绝那些对自己不利的干扰，这才是一种正确的人生态度。

周杰是一家科研机构的研究员，平时除了给学生们上课和自己本身的科研工作之外，就是在家中看书和陪家人。他平时还喜欢养花养鱼，不忙的时候，他总会坐在花坛或是鱼缸面前静静地沉思，这种宁静的生活让他特别享受。

但是，一篇论文彻底改变了他的生活。周杰从事的科研项目一直是专业领域的前沿课题，他凭借自己丰富的专业知识和深刻独到的见解，完成了一篇让国外学者都十分震惊的学术论文。后来这篇论文还在美国的一个学术研讨会上获了奖，他本人亲自去美国领的奖。

从那以后，周杰便成了该领域的名人。各大高校排着队请他去介绍经验，很多相关或不相关的科研项目也都邀请他去参加，单位的领导还决定给他升职，除了要完成自己的本职工作之外，还要肩负很多行政管理方面的工作。

忙碌的他已经很多天没有回家了，当他拖着疲惫的身躯回到家时，妻子和孩子早已经睡了。想到就在不久以前，他还能和家人聚在一起吃饭、看电视，可如今的他哪里还有时间再去陪他们？心中不禁感到一阵酸涩。这时，他突然发现，自己最喜欢的一盆绿萝的叶子已经开始泛黄了，鱼缸里也出现了死鱼。这一切都是他疏于打理的缘故！

这时的周杰感到很痛苦，因为这不是他想要的生活。他只希望每天讲课、做研究，下了班做自己喜欢的事。名誉、地位、金钱，这一切其实对他来说根本不重要，可不知从什么时候起，他把自己的生活统统丢掉了。

这时候，一位出版商给周杰打来了电话："周老师，上次谈过的给您出书的事您考虑的怎样了？这可是个大好的机会，不仅能把您的研究结果介绍给更多人知道，也能让您获得不小的回报啊。"

周杰听了他的话，沉默了片刻，然后安静地说："对不起，谢谢你们的肯定，我不准备出书了。"

古语有云：弱水三千，我只取一瓢饮。生活在现实社会，无数的诱惑让我们应接不暇。可是，无论我们怎么争取，都不可能把所有的名誉、金钱、地位统统占为己有，其实我们真正需要的不过是像周杰获奖之前那样的宁静生活。陶渊明"不为五斗米折腰"，从而辞官归田，这才有了"采菊东篱下，悠然见南山"的田园生活；王维拒绝了官场的纷乱复杂和尔虞我诈，这才有了"明月松间照，清泉石上流"的雅致情调。

古人因为拒绝了名利与金钱的诱惑，脱离了世俗的牵绊，从而流芳后世；而生活在当下的我们，也要在这物欲横流的社会学会拒绝各种诱惑，找到我们自己生活的本质，让我们的生活清静安宁，有滋有味。

2. 不好意思拒绝，也未必就"落好"

生活里，总有一些人是你不喜欢的，甚至让你感到讨厌。即便你为人很随和大度，从来不会和别人发生争执，照样也会有人和你过不去。对于那些你所讨厌的人，用不着和他针锋相对，吵得不可开交，这样不仅解决不了问题，还会严重影响到自己的心情。比针锋相对更不可取的，是明明心里不喜欢他，还要强颜欢笑，讨好卖乖，为的只是不愿意彼此撕破脸从而失了面子。这不仅委屈了自己，甚至还会让自己丢了尊严和原则。

我们生活的中心应该是我们自己，而非那些我们所讨厌的人。如果我们不把注意力放在这些人身上，那么他们也不会影响到我们的心情，更不会扰乱我们的生活。我们身边有很多有意义的事值得我们去做，有很多良师益友等着我们去结识，不要花费精力在那些不喜欢的人身上，更不必去在意他们的想法和评价。如果因为你的故意疏远而让双方就此绝交，那对你来说岂不是好事？没有了让我们讨厌的人，生活也会变得清静许多。

王志勇所住的大学宿舍一共有六个人，其中一位姓张的同学和大家的关系相处得很不好。张同学为人比较自我，每天早上起来收拾东西时总要弄出很大动静，吵得其他想多休息一会儿的同学不得不跟着他一起起床；每天晚上熄灯以后，张同学总要听着音乐睡觉，音量也总是调得很大，如果他不先睡熟，其他同学根本没法睡；他平时从来不去水房打水，但别的同学打来的水他照样使用，而且从来不会不好意思；谁要是讲点有趣的事，他总是故意要和人家作对，弄得对方下不了台……

同宿舍的同学都不喜欢他，包括王志勇在内。因为学校的宿舍紧张，所以也不可能给大家调换房间。有的同学受不了，和他争吵过多次，可他依旧是我行我素。可王志勇却觉得，毕竟是同宿舍的室友，真要闹翻了对谁都不好，和他保持些距离也就是了。

为了不让张同学早上把自己吵醒，王志勇尽量比他还要早起床，穿好衣服就静悄悄地出门去了；晚上睡觉的时候，王志勇用两块棉花塞住耳朵，以免被音乐声吵到；中午和晚上，王志勇总是主动去水房打水，也从来不会因为用水的问题和他面红耳赤，只要大家都有水用也就是了。

王志勇尽可能和他保持距离，每天早出晚归为的也是和他少接触。即便平时在学校遇到，也顶多是点头致意，打个招呼。有时候王志勇和别的同学说笑，张同学也会走上前来，习惯性地说些不中听的话，王志勇也不介意，只是连声说"嗯"，然后远远地走开。

四年的时光，王志勇没有让一个自己讨厌的人影响到自己的生活，正是因为他懂得该如何与这样的人保持距离。

王志勇对待张同学的方式，应该算得上是最明智的选择。既然讨厌他，平时就尽可能少打交道。都是同在一个屋檐下的室友，像其他同学那样和他吵得不可开交，对双方都没有好处。把更多的注意力放在自己身上，做好自己的事，少看他一眼，少和他计较一些，平时见了面顶多打个招呼，也不至于伤到感情。俗话说，眼不见心不烦。

德国哲学家叔本华曾经说过："社交的起因在于人们生活的单调和空虚。社交的需要驱使他们聚到一起，但各自具有的许多令人厌恶的品行又驱使他们分开。终于他们找到了能彼此容忍的适当距离，那就是礼貌。"在正常的社会交往中，我们尚且要和别人保持一定距离，更何况那些我们讨厌的人呢？

3. 不重视面子会活得更好

中国人的多数欲望大抵跟面子是分不开的。

我们从小就得到长辈们的训示："别丢我们的脸！"将"面子"的观念深植在我们的心中。从此，我们时刻注意自己的面子，时刻牢记千万不能失掉面子，即使为此撑得异常辛苦也在所不惜。

小小的一个面子，尽显众生百态！富人有富人的面子，穷人有穷人的面子；当官的有当官的面子，老百姓有老百姓的面子；长辈有长辈的面子，孩子有孩子的面子；君子有君子的面子，小人有小人的面子……

曾经有这样一个笑话：

民国初年，一个曾经风光而又陷于落魄的旗人整日泡在酒肆里跟人吹嘘他以前如何养尊处优、锦衣玉食。

一天，他边吹牛边津津有味地啃着一个芝麻烧饼。烧饼吃完了，一些芝麻不小心掉在柜台上了。他正思忖该怎样把这些芝麻纳入口中又不招人笑话，一个衣冠不整的姑娘跑进来，是他的女儿找他回家。他忙端着架子斥责女儿："慌慌张张的干什么？怎么不打扮整齐再出门？"

姑娘很惊讶地望着他说："爸爸，你忘了吗？咱家值钱的东西都当光了，我哪有体面的衣服穿啊？我妈让你赶紧回家，她要出门没裤子，让你把裤子借她穿一会儿！"

这旗人一听面红耳赤，想溜出去却没忘刚刚掉落在柜台上的几粒芝麻，便一拍柜台，怒道："小孩子胡说什么？还不回家去？"借拍柜台之机将几粒芝麻尽粘在手掌上偷偷地吃了下去。

爱面子如斯，真是可气又可笑。

其实，不要面子我们会活得更好。

古代大哲人苏格拉底的生活态度很值得我们效仿。

每个清晨，邻居们都会看见赤着脚的苏格拉底走出家门，踩着晶莹的露水，跳到一块等待雕刻的大石头上，仰起头向远道而来的太阳热情地问候，向正在隐去的星星和月亮挥手告别。他无视众人怪异的眼光，披上他那破旧不堪的袍子，准备到集市上和民众们辩论，行使他"思想助产士"的义务劳动。

这时正为早餐发愁的妻子冲出来，在众人面前厉声责备丈夫，高声发着牢骚，抱怨家里米缸朝天，丈夫却天天游手好闲，不求上进。苏格拉底却不顾众人的窃笑，亲昵地拥抱一下老婆，向外边走边说："亲爱的，我去工作了，我要帮人们把思想顺利生产下来。"愤怒的妻子把一盆水泼向苏格拉底，他顿时被浇成了落汤鸡。苏格拉底像骑士一样抖抖湿透的袍子，对哈哈大笑的邻居说："看来我猜对了，电闪雷鸣过后，必有大雨倾盆。"

很多人一定会嘲笑苏格拉底是个"妻管严"，在众人面前被老婆欺侮很丢面子，殊不知这正是苏格拉底的高明之处。因为他知道自己的老婆是个"河东狮"，既然没法子改变就由她去吧。

面子是什么，如果不要面子可以生活得更好，我们又何乐而不为呢？

不要再违心地在众人聚会时假装大方争抢着付账单，见荷包瘪下去却暗暗心疼；

也不要花费两三个月的薪水换一身新行头，只求别人的一句"衣服很漂亮"，接下去的两个月却不得不与馒头咸菜为伴。

更无须整天板着面孔，不苟言笑。开怀大笑吧，即使笑得露出了你的小龅牙，也不会没面子。

千万别再不懂装懂了，承认自己也有无知的时候，这没什么丢脸的。

用钱买来的面子，是华而不实的面子，让人一眼就能看穿你内心的贫乏；用权力换来的面子是势力而短暂的，没有一个人可以长久地拥有权力，这样的面子虽然八面威风却没有底气。实力可以说明一切，当你拥有充实的内心，拥有也许并不太聪明但肯踏踏实实汲取营养的大脑，拥有富贵不能淫的骨气以及脚踏实地的干劲，无须你去做作地用假面具来装面子，那由内至外散发出来的气质足以让别人不能轻视你，你也活得更真实、更轻松。

4. "匹夫之勇"要不得

办事要量力而行，对自己做不到的事，要说明情况，不要勉为其难。乱逞英雄、匹夫之勇都是虚荣心作祟的行为，这样做和一个没有理智的莽夫没有区别。

匹夫之勇这个成语，最早出现在《孟子》一书中。"匹夫"这个词，在中国古代社会中专指普通平民男子，而匹夫之勇这个成语带有贬义的色彩，意思是逞强斗狠、不计后果地蛮干。据《孟子·梁惠王下》记载，有一次齐宣王对孟子说："我有个毛病就是喜欢'勇'"。孟子听了这话后心想："人君不可无勇"。"勇"并不是坏毛病，问题在于如何正确地看待"勇"，于是便回答说："勇，有小勇、大勇之别，希望大王不要好小勇，而要养大勇。"

那么，什么是小勇，什么是大勇呢？孟子说，像一个人手握利剑，瞪大眼睛，高声吼道："谁敢抵挡我！"这就是匹夫之勇，是只能对付一人的小勇。而当国家面临强敌和霸权时，像周文王周武王敢于一怒而率众奋起抵抗，救民于水火之中，所谓"文王一怒而安天下之民"。这就是大勇。

从孟子的这段话中可以看出，匹夫之勇，是无原则的冲动，是只凭拳头和武力的血气之勇。而大勇则是孔子所说的义理之勇，也就是基于正义的勇敢；只要正义存于我方，对方即使有千军万马，也会勇往直前，大义凛然，无所畏惧。

北宋著名文学家苏轼，在他的《留侯论》一文中，进一步发挥了孟子的这个观点。文中写道："匹夫见辱，拔剑而起，挺身而斗，此不足为勇也。天下有大勇者，卒然临之而不惊，无故加之而不怒。此其所挟持者甚大，而其志甚远也。"

这段话的意思是说，在面临侮辱和冒犯时，一般人往往会一怒之下，便拔剑相斗。这其实谈不上是勇敢。真正勇敢的人，在突然面临侵犯时，总是镇定不惊。而且即使是遇到无端的侮辱，也能够控制自己的愤怒。这是因为他的胸怀博大，修养深厚。

匹夫之勇，既是血气之勇，表现出来的就是，无容人之量，易怒。易怒，也容易造成不良后果。

怒，对于同学、同志、同事、朋友来说，是割断友谊纽带的利刃；对家庭亲人来说，是毒化亲情血缘的砒霜。

怒，对于手握军政大权的官员来说，往往是"小不忍则乱大谋"，甚至有时就意味着战争和动乱。

春秋时，越王勾践被吴王夫差打败，在吴国囚禁三年，受尽了耻辱。回国后，他决心奋发图强，立志复国。

十年过去了，越国国富民强，兵马强壮，将士们又一次向勾践请战："君王，越国的四方民众，敬爱您就像敬爱自己的父母一样。现在，儿子要替父母报仇，臣子要替君主报仇。请您再下命令，与吴国决一死战。"

勾践答应了将士们的请战要求，把军士们召集在一起，向他们表示决心说："我听说古代的贤君不为士兵少而忧愁，只是忧愁士兵们缺乏自强的精神。我不希望你们不用智谋，单凭个人的勇敢，而希望你们步调一致，同进同退。前进的时候要想到会得到奖赏，后退的时候要想到会受到处罚。这样，就会得到应有的赏赐。进不听令，退不知耻，会受到应有的惩罚。"

到了出征的时候，越国的人都互相勉励。大家都说，这样的国君，谁能不为他效死呢？由于全体将士斗志十分高涨，勾践打败了吴王夫差，灭掉了吴国。

　　我们知道，项羽虽然是一个失败的英雄，但是司马迁却称赞他说："当年秦国政治腐败，百姓纷纷起来反抗，项羽在陈涉起义之后领军对抗，前后只花了三年时间，就把秦国灭掉，然后将得来的天下分封给各王侯贵族，成为称雄一方的霸主，虽然最后他失去了霸主的地位，但是他的功绩伟业，近古以来还没有人能做到。"

　　而刘邦做了皇帝以后，在洛阳宫摆设筵席宴请群臣的时候说："我之所以能成功，顺利取得天下，是因为能够知道每个人的特长，并且也懂得如何让他发挥长处。"然后他问韩信对自己的看法。韩信回答说："大王您很清楚自己各方面的才能与长处，因此您其实心里明白，说到机智与才华，其实是不如项王。不过我曾经当过他的部下一段时间，对于他的性情、作风、才能，了解得比较清楚。项王虽然勇猛善战，一人可以压倒几千人，但是却不知道如何用人，因此一些优秀杰出的贤臣良将虽然在他手下，可惜都没能好好发挥各自的专长。所以项王虽然很勇猛，却只是匹夫之勇，做事不懂得深谋远虑、三思而行。而大王任用贤人勇将，把天下分封给有功劳的将士，使人人心悦诚服，所以天下终将成为大人您的。"

　　所以，无论做什么事，都不要逞匹夫之勇，也只有这样才能更好地保护自己。很多大人物遇到"屋檐"，还知道暂时低头，我们这些俗人何必为逞匹夫之勇而遭罪呢？

　　水往低处流，那是一种迂回和策略，正因为水肯于在大山的阻隔下改道，最终才会赢得"青山遮不住，毕竟东流去"的胜利。先发制人固然快意，后发制人则更加有力。"小不忍则乱大谋"，为了大谋，就要忍得眼前的羞辱，"留得青山在，不怕没柴烧"。

自古以来，一气之下，不自量力，做出傻事、铸成败局的事例不计其数，韬光养晦才是出奇制胜的良策。

看过电视剧《汉武大帝》的人都知道，匈奴之患一直是古代中国的梦魇，西汉初期国弱民贫，面对匈奴步步进逼和挑衅，暂且忍气吞声，以和亲等安抚政策与之周旋，同时加紧富国强兵，直到汉武帝时期，西汉王朝的强盛已是如日中天，终于到了出兵时机，卫青、霍去病率大军穿草原、跨沙漠，万里征战十余年，将匈奴剿杀得元气尽丧，至此，匈奴之患基本从中国历史上消失。如果汉初就与匈奴硬拼，恐怕灭掉的不是匈奴而是大汉了。

匹夫之勇是一种盲动冒进，而英雄之忍是一种战术迂回。避其锋芒，韬光养晦，才能积蓄力量，把握战机，后发制人。英雄之忍可以铸成大事，匹夫之勇只会贻笑大方。面对无端的责难，面对百般的嘲讽，面对不平的待遇，面对一切我们难以忍受的苦楚，发扬流水不争先之隐忍精神，多一些理智，少一些鲁莽，走好人生的每一步，走稳人生的每一招，步步为营，招招制胜！

5. 保持清醒，小心被"捧杀"

在生活中，当我们被别人追捧、赞扬的时候，要考虑到别人拍自己马屁的因素是多方面的，因为爱，就会有偏袒；因为害怕，就会有不顾事实的讨好；因为有求于人，便会有虚夸。所以，我们必须在一片赞扬声中，保持足够清醒的头脑。

通常情况下，人在称赞别人时，有时是没有什么用意的，但有时却是别有居心。别有居心的人，可能就是为了想亲近对方。受人赞美时不能乐昏了头，而应在赞美声里领悟对方的用意，以免吃亏上当。过多的甜言蜜语犹如高利贷，听得愈多，信得愈切，持续得愈久，愈要求付出昂贵的代价。

一只狐狸正在找食物，找了很久也没找到，这时它在河边碰上了一只仙鹤。狐狸脑子一转，计上心来，换了一幅笑脸对仙鹤说："早安，聪明的仙鹤，近来您的身体好吗。"

"很好，谢谢您！狐狸先生，您有什么事吗？"仙鹤很高兴地说。

狐狸凑近一点说："我有些问题想请教您。如果风从北边吹来，您的头朝什么方向转？"

"当然是朝南面转啦。"

"如果风从西面吹来，您的头朝什么方向转？"

"朝东。"

"怪不得连人类都夸您聪明的呢，要我说您一定是世界上最聪明的动物！"

仙鹤已经有些洋洋得意了。狐狸又悄悄地向前靠近了一点问："那如果风从四面八方刮来，那该怎么办呢？"

仙鹤已经完全被狐狸的奉承话吹晕了，它得意的说："那我就把头伸进翅膀里去——像这样。"愚蠢的仙鹤边说边把头藏进翅膀下面以示范给狐狸看，可是没等它再把头露出来，狐狸"唰"地往前一扑，狠狠地咬住了仙鹤的脖子。

虽然这只是一则童话，但是也能给我们很大的启示。生活中，我们也会常常听到赞美声，无论是真诚的还是别有用心的，都应该控制自己，保持冷静和清醒，以免成为别人赞美声中的牺牲品。

欧洲有位著名的女高音歌唱家，30岁便已享誉全球，而且也已经有了美满的家庭。有一年，她到邻国开一场个人演唱会，这场音乐会的门票早在一年前就已经被抢购一空。

表演结束之后，歌唱家和她的丈夫、儿子从剧场里走了出来，只见堵在门口的歌迷们，一下子全涌了上来，将他们团团围住。每个人都热烈地呼喊着歌唱家的名字，其中不乏赞美与羡慕的话。

有人恭维歌唱家大学一毕业就开始走红了，而且年纪轻轻便进入国家级的歌剧院，成为剧院里最重要的演员；还有人恭维歌唱家，说她25岁时就被评为世界十大女高音歌唱家之一，也有人恭维歌唱家有个腰缠万贯的大公司老板做丈夫，而且还生了这么一个活泼可爱的小男孩……当人们议论的时候，歌唱家只是安静地听着，没有任何回应与解答。

直到人们把话说完后，她才缓缓地开口说："首先，我要谢谢大家对我和我家人的赞美，我很开心能够与你们分享快乐。只是，我必须坦白告诉大家，其实，你们只看到我们风光的一面，我们还有另外一些不为人知的地方。那就是，你们所夸奖的这个充满笑容的男孩，很不幸的是个不会说话的哑巴。此外，他还有一个姐姐，是个需要长年关在铁窗里的精神分裂症患者。"

歌唱家勇敢地说出这一席话，当场让所有人震惊得说不出话来，大家你看看我，我看看你，似乎难以接受这个事实。

我们不能不为这位歌唱家的理智和清醒喝彩！

有多少人曾经在一片赞扬声中，迷惑了双眼，最终导致了失败。最令人扼腕叹息的恐怕该是王安石笔下的仲永了。

金溪县有个叫方仲永的人，他家世世代代以种田为业。方仲永长到5岁时便能作诗，并且诗的文采和寓意都很精妙，值得玩味。县里的人对此感到很惊讶，慢慢地都把他的父亲高看一等，有的还拿钱给他们。他父亲认为这样有利可图，便每天拉着方仲永四处拜见县里有名望的人，表演作诗，却不抓紧让他学习。到最后，方仲永已与众人无异。他的聪明才智最终被完全捧杀了。

和方仲永不同的是，世界上越是伟大的人物，越能够清楚地认识自己的成功，对待他人的赞美，往往是谦虚理智的，有的甚至还很反感别人赞扬他。

在第二次世界大战中，丘吉尔对英伦之护卫有卓越功勋。战后在他退位时，英国国会拟通过提案，塑造一尊他的铜像置于公园，令众人景仰。一般人享此殊荣高兴还来不及，丘吉尔却一口回绝，他说："多谢大家的好意，我怕鸟儿喜欢在我的铜像上拉粪，还请免了吧。"

牛顿，这位杰出的学者、现代科学的奠基人，他发现了万有引力定律，建立了成为经典力学基础的牛顿运动定律，出版了《光学》一书，确定了冷却定律，创制了反射望远镜，还是微积分学的创始人……功绩显赫，光彩照人，可当听到朋友们赞扬他的时候，他却说："不要那么说，我不知道世人会怎么看我。不过我自己只觉得好像一个孩子在海边玩耍的时候，偶尔拾到几只光亮的贝壳。但是真正的知识大海，我还没有发现呢。"

有这样谦逊好学、永不满足的精神，牛顿的成功是必然的。古今成大事业、大学问者，正是因为有了能够正确对待他人赞扬的态度和谦逊好学的精神，才达到人生的光辉顶点的。

爱听赞美话就像是人身上的一根软肋，最容易被人利用。在你保持头脑清醒和冷静的时候，别人的赞美是对你的赞同、支持和信任，能给你再接再厉的能量，给你不断攀登理想战胜困难的信心和勇气。一旦你的心被那些赞美声融化，你的眼睛被其蒙蔽，那么你就会和"方仲永"一样，成为被别人"捧杀"的可怜可悲的牺牲品。

● ● ●

6. 掩饰错误不如承认错误

没有人喜欢自己被指责，哪怕自己犯了错误。所以，当知道自己犯了错的时候，最初的、也是最强烈的反应就是为自己辩护、为自己开脱。而实际上，这种文过饰非的态度会使一个人在人生的轨道上越走越偏。

金无足赤，人无完人。人生在世没有人会不犯错误，有的人甚至还一错再错；错误是无法避免的，可怕的不是错误本身，而是怕错上加错、不敢承认错误。

承认错误是一种人生智慧，下面这个事例或许会让读者有所启发：

格里·克洛纳里斯在北卡罗纳州夏洛特当货物经纪人。在他给希尔公司做采购员时，发现自己犯下了一个很大的业务上的错误。有一条对零售采购商至关重要的规则，是不可以超支你账户上的存款数额。如果你的账户不再有钱，你就不能购进新的商品，直到你重新把账户填满，而这通常要等到下一个采购季节。

那次正常的采购完毕之后，一位日本商贩向格里展现了一款极其漂亮的新式手提包。可这时格里的账户已经告急。他知道他应该在早些时候就备下一笔应急款，好抓住这种叫人始料未及的机会。此时他知道自己只有两种选择：要么放弃这笔交易，而这笔交易对西尔公司来说肯定会有利可图；要么向公司主管主动承认自己所犯下的错误，并请求追加拨款。

正当格里坐在办公室里苦思冥想时，公司主管碰巧顺路来访。格里当即对他说："我遇到了麻烦了，我犯了大错。"他接着解释了所发生的一切。尽管公司主管平时是个非常严厉苛刻的人，但他深为格里的坦诚所感动，很快设法给格里拨来了所需款项。手提包一上市，果然深受顾客欢迎，卖得十分火爆。而格里也从超支账户存款一事中汲取了教训。

这个故事告诉我们：当不小心犯了某种大的错误时，最好的办法是坦率地承认和检讨，并尽可能快地对事情进行补救。只要处理得当，你依然可以赢得别人的信赖。

当我们错了，就要迅速而真诚地承认。如果你在工作上出错，就应该立即向领导汇报自己的失误，这样当然有可能会被大骂一顿，可是上司的心中却会认为你是一个诚实的人，将来也许对你更加器重，你所得到的，可能比你失去的还多。

承认错误是一种人生智慧，只有人们对错误采取认真分析的态度，才能反败为胜。现实中，许多人为了面子死不认错，讲求死理，这只会让自己一错再错，损失更大的"面子"。由此，一个人要想有面子，就要不怕丢面子。孔子说："过而不改，是谓过矣。"意思是说，犯了一回错不算什么，错了不知悔改，才是真的错了。

闻过则喜、知过能改，是一种积极向上、积极进取的人生态度。只有当你真正认识到它的积极作用的时候，才能身体力行去聆听别人的善意劝解，才能真正改正自己的缺点和错误，而不致为了一点面子去忌恨和打击指出自己过错的人。闻过易，闻过则喜不易，能够做到闻过则喜的人，是最能够得到他人帮助的人，当然也是最易成功的人。

在我们犯了错误的时候，总是想得到别人的宽恕，而不是斥责。其实，宽恕是我们的纵容，别人宽恕了我们第一次，我们可能会犯第二次、第三次。我们要学会在犯了错误的时候，坦率地承认，并担负我们该负的责任，而不是为了怕丢面子，百般辩解，文过饰非。

人非圣贤，孰能无过，知错能改，善莫大焉。发现错误的时候，不要采取消极的逃避态度。而是应该想一想自己应怎样做才能最大程度地弥补过错。只要你能以正确的态度对待它，勇于承担责任，错误不仅不会成为你发展的障碍，反而会成为你向前的推动器，促使你不断地、更快地成长。任何事情都有它的两面性，错误也不例外，关键就在于你从什么样的角度去看待它，以怎样的态度去处理它。

孙阳是某化工厂的财务人员。一天，他在做工资表时，给一个请病假的员工定了个全薪，忘了扣除其请假那几天的工资。于是孙阳找到这名员工，告诉他下个月要把多给的钱扣除。但是这名员工说自己手头正紧，请求分期扣除，但这么做的话，孙阳就必须得请示老板。

孙阳认为，老板知道这件事后一定会非常不高兴的，但孙阳认为这混乱的局面都是因自己造成的，他必须负起这个责任，于是他决定去老板那儿认错。

当孙阳走进老板的办公室，告诉他自己犯的错误后，没想到老板竟然说这不是他的责任，而是人事部门的错误。孙阳强调这是他的错误，老板又指责这是会计部门的疏忽。当孙阳再次认错时，老板看着孙阳说："好样的，你能在做错事情的时候主动承认，不推到别人的身上，这种勇气和决心很好。好了，现在你去把这个问题解决掉吧。"事情就这样解决了。从那以后，老板更加器重孙阳了。

如果只是顾全面子，不敢承担责任的话，那最后吃亏的只能是你自己。假如你犯了错且知道免不了要承担责任，抢先一步承认自己的错误，不失为最好的方法。自己谴责自己总比让别人骂好受得多。如果勇于承认错误，并把责备的话说出来，老板十有八九会宽大处理。作为一个平凡的人，在办事过程中难免会犯一些错误。虽然有些人认识到了自己的错误，但没有勇气承认，或把犯错的理由归结于别的因素。只有极少数人能够站出来，勇敢地坦白，在他们看来承认错误就意味着要受到责罚，却不知道领导认为沉默和狡辩的托词意味着逃避责任。

小刘在一家工厂任技术员。经过几年的实践锻炼，在老同志的帮助下取得了一定的成绩，并且被提拔成车间副主任，负责车间的生产技术工作。

有一次，车间的生产线发生了一些问题，产品质量也受到了影响。他看过之后，便立即断言是原料的配比不合适，认为在投放一家新的企业提供的原材料后，原有的配比必须改变。但调整之后，情况仍不见好转。此时，另一位技术人员提出了不同的见解，认为问题的症结并不是新的原料或原料配比不合适，而在于设备本身。对此，小刘从内心觉得技术员的看法很合理，但是，他觉得自己是负责全车间技术与工艺的领导，如今自己的判断出现了失误，就必须承担一定的责任。

为了避免责任，他一方面继续坚持自己的看法，另一方面也布置专人对设备进行必要的维修和调整。但是由于贻误了时机，问题最终还是爆发了，给公司造成了巨大损失。小刘在羞愧之中提出辞职。

喜欢听赞美是每个人的天性。忠言逆耳，当有人尤其是和自己平起平坐的同事对着自己狠狠数落一番时，不管那些批评如何正确，大多数人都会感到不舒服，有些人更会拂袖而去，连表面的礼貌也没有，令提意见的人尴尬万分。这样的结果就是，下一次即使你犯再大的错误，也没有人敢劝告你了。这不仅会让你在错误的路上越滑越远，更是你做人的一大损失。当我们错了，就要迅速而真诚地承认。

事实上，一个有勇气承认自己错误的人，他不但可以获得某种程度的满足感，还可以消除罪恶感，有助于弥补这项错误所造成的后果。卡耐基告诉我们，傻瓜也会为自己的错误辩护，但能承认自己错误的人，就会获得他人的尊重，而且令人有一种高贵诚信的感觉。

人无完人，没有人没缺点，也不会有人没有错误，有时甚至还一错再错。既然错误是不可避免的，那么可怕的并不是错误本身。而是怕知错而不肯改，错了也不悔过。

其实，如果能坦诚面对自己的缺点和错误，拿出足够的勇气去承认它、面对它，不仅能弥补错误所带来的不良后果，而且能加深领导和同事对你的良好印象，让他们很痛快地原谅你的错误。这不但不是"失"，反而是最大的"得"。

如果你总是害怕承认自己曾经犯的错，那么，请接受以下这些建议：

假若你必须向别人交代，与其替自己找借口逃避责难，不如勇于认错，在别人没有机会把你的错到处宣扬之前，对自己的行为负起一切责任。

（1）如果你在工作上出错，要立即向领导汇报自己的失误，这样当然有可能会被大骂一顿，可是上司的心中却会认为你是一个诚实的人，将来也许对你更加器重，你所得到的可能比你失去的还多。

（2）如果你所犯的错误可能会影响到其他同事的工作成绩或进度，无论同事是否已发现这些不利影响，都要赶在同事找你"兴师问罪"之前主动向他道歉、解释。千万不要企图自我辩护，推卸责任，否则只会火上浇油，令对方更感愤怒。

每个人都会犯错误，尤其是当你精神不佳、工作负担过重、承受太沉重的生活压力时。偶尔不小心犯错是很正常的事情，关键是犯错后要用正确的态度对待它。犯错误不算什么罪大难饶的事，"有则改之，无则加勉"，只有放下了面子，不再固守所谓的自尊，人才能坦诚地面对自己，面对别人。

7. 敢于拒绝，巧妙说 "不"

在人际交往中注意 "脸" 和 "面子"，是中国人长期形成的一种社会心理。没有人不爱护自己的脸面，但是有些人，会比普通人更加看重自己的面子。他们不忍心拒绝任何人，对别人的要求只会说 "行"，而从不懂得说 "不"，他们甚至会为了维护自己的面子而硬着头皮去做力所不能及的事。

对于一些不情愿的事情，一定要果断拒绝。说 "不" 是你的权利，如果你不懂得利用这个权利，就往往会陷自己于不仁不义中，双方都难以接受它造成的后果。

英国作家毛姆在小说《啼笑皆非》中讲过这么一段耐人寻味的故事——一位小人物一举成为名作家了，新朋老友纷纷向他道贺，成名前的门可罗雀同成名后的门庭若市形成了鲜明的对比。

毛姆为我们描写了这样一个场面：一位早已疏远的老朋友找上门来，向他道贺，怎么办呢？是接待他还是不接待他？按照本意，自己实在无心见他，因为一无共同语言，二来浪费时间；可是人家好心好意来看你，闭门不见似乎说不过去。于是只好见他了。见面后，对方又非得邀请他改日到他家去吃饭。尽管他内心一百个不乐意，但盛情难却，他不得不佯装愉悦地应允了。在饭桌上，尽管他没有叙旧之情，可是又怕冷场，于是又得强迫自己无话找话。这种窘迫相可想而知……来而不往非礼也，虽然他不再愿意同这位朋友打交道，但他还是不得不提出要回请朋友一顿。他还得苦心盘算：究竟请这位朋友到哪家饭店合适呢？去第一流的大酒店吧，他担心他的朋友会疑心自己是要在他面前摆阔；找个二流的吧，他又担心朋友会觉得他过于吝啬……

面对别人的请求，当你有时间，并且有能力的时候，不要轻易拒绝。但是没有人是万能的，当你真的力所不能及的时候，就不要碍于面子，不好意思说"不"了。试想一下，如果硬撑着答应，将来误了事儿，那才不好收场。

在工作中，领导让你做某事儿时，你要认真地考虑好，这件事自己是否能够胜任。把自己的能力与事情的难易程度以及客观条件是否具备结合起来考虑，然后再决定是否去做。

孙刚到某中学任教不久，正巧赶上市教委到该校抽人，拟对全市中学进行实地考察，并写出调查报告。因孙刚还没有被安排授课，就抽了他去。起初，他感觉为难，心想自己不仅对本市中学教育情况不熟悉，就是对教育工作本身，自己刚刚走出校门，又能知道多少呢？他本不想参加，无奈校长已经开口，实在不好拒绝，只好勉强服从。

转眼间，一个半月过去了，别人都按分工交了调查报告，唯有他一个人，由于不熟悉情况，又缺乏经验，对自己分工调查的三个中学连情况都没摸清，更不用说分析了。市教委主任很恼火，责备该校校长，怎么推荐这么一个人。孙刚面子受不了，又气又羞愧，一下子病倒了，在床上躺了两个星期。

孙刚由于当初不好意思拒绝，最终面子难保，身心都受到了伤害。作为下级，往往在领导提出要求时，虽然不乐意，但又不好意思拒绝，但是你没有考虑到，如果为了一时的情面接受自己根本无法做到的事，一旦失败了，领导就不会考虑到你当初的热忱，只会以这次失败的结果对你进行评价。如果你认为对上级拜托你的事儿不好拒绝，或者害怕因拒绝会引起领导不高兴而接受下来，那么，此后你的处境就会更艰难。

每个人的能力都是有极限的，我们并不是万事皆能的全才；覆水难收，话一出口就没有挽回的余地，后果就需要自己去承担。一旦失利，失去的不仅是做成这件事的机会，还有他人对你的信任。试想一下，一个只会说不会做的人，谁会喜欢。因此，当你遇到他人的请求时，不要把话说得太满，要给自己一个回旋的余地。

拒绝别人的要求确实是件不容易的事，大家都有体会。央求人固然是一件难事，而当别人央求你，你又不得不拒绝，这也是叫人头痛的。因为每个人都有自尊心，希望得到别人的重视，同时也不希望别人不愉快，因而，最后就难以说出拒绝的话了。

不过，当你经过深思熟虑，发现答应对方的要求将会给你或他带来伤害，那么，就应该拒绝，而不要为了面子，做出违心的事来，结果对双方都没有好处。

当然了，拒绝是相当重要却又不太容易的选择，有人喜欢你直截了当地告诉他拒绝的理由，有人则需要以含蓄委婉的方法拒绝，各有不同。

下面的一些小技巧希望对你有所帮助。

（1）在很多时候，想拒绝别人的时候，你只要简单地说一句："我实在有更要紧的事要做。"就可得到绝大多数人的谅解。如果你总作出违心的决定，那将令周围的人无法容忍。你既失了自我本色，也耽误了别人。

（2）不要立刻就拒绝他人的请求。立刻拒绝，会让人觉得你是一个冷漠无情的人，甚至觉得你对他有成见，一旦有了这样的误解，无疑对双方的关系是致命打击。

（3）对于一些对方不急着要求答复或是办到的事情，可以采取暂时不给予答复的方法。当对方提出要求时你迟迟没有答应，只是一再表示要研究研究或考虑考虑，那么聪明的对方马上就能了解你是不太愿意答应的。但无论如何，仍要以谦虚的态度，别急着拒绝对方，仔细听完对方的要求后，如果真的没法帮忙，也别忘了说声"非常抱歉"。

（4）尽量将非个人原因作为拒绝的借口。

（5）用最委婉、和气的方式来表达你的不同意见。傲慢无情的拒绝易招来怨恨，它对人脉资源的积累绝没有好处。当真正有不得已的苦衷时，如能委婉地说明，以婉转的态度拒绝，以和气的方式表达不同的意见，别人还是会接受你的诚恳，对你的情况给予谅解的。

拒绝是一门艺术，更是一种智慧，懂得适时地拒绝别人，才是成熟的开始！

第八章

不是世界不好，
是你见得太少

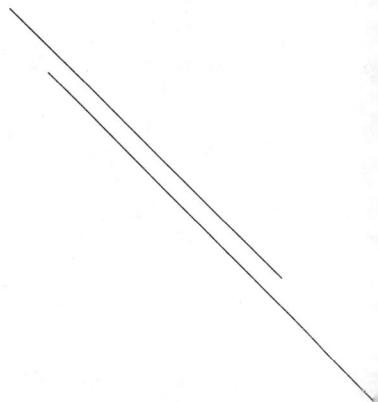

1. 功名也只是一时的浮云

历览古今，真正能将功名看成浮云的有几个呢？在悠悠历史的长河中，有很多伟人书写了历史的新篇章。他们之所以被视为伟人，不仅因为他们做出了伟大的成就，更因为其具有崇高的人格。他们那深邃的目光，深刻的思想与突出的风范气质，超越了常人，使众人难以企及，也让人类牢牢记住他们的名字。在人类的社会中，他们如同夜空中灿烂的群星，在黑暗中闪烁着神圣、耀眼的光芒。

在美国，就有这样一个被无数人景仰并且载入史册的伟人，他就是乔治·华盛顿。

在孩提时代，华盛顿就是一个与众不同的孩子，他生来就正直诚实，办事极为公道，这与他受到父亲智力上和道德上的熏陶有关。他渴望着成为一名驰骋疆场、威风凛凛的勇敢军人，报效国家和人民。在他的同学中，他总是领导者。

1748年，英法两国为了争夺在北美的领地和利益而发生冲突，双方都开始备战。由此也为华盛顿提供了一个走入军界的机会。那一年，他19岁。

在数年的战争中，华盛顿处事谨慎，富于进取精神，有忍耐力，更有魄力。在每次战斗中，他都骑着自己的白马冲锋陷阵。他用实际行动赢得了身边人的崇拜和信任。

美国独立战争胜利以后，人们希望有一个独当一面的人物来接管政府。在人们眼里,华盛顿就是这样一个人。军中也有这样的意愿,甚至有军官上书要求他做皇帝。但是华盛顿并不想当皇帝,他从不对名利动心,是一个视荣誉重于生命本身的人;他追求的是得到广大人民的尊敬,还有着强烈的共和思想。因此他在向大陆会议索要独立自主的权力时,多次重申,一旦战争结束,他将解甲归田,化剑为犁。他不愿为了一顶金灿灿的皇冠、为了个人的野心而使美国在刚刚摆脱英国的殖民地统治后又重新陷入内战之中。

和平终于来临了,1783年3月下旬,英美签署和平协议。4月19日,历时8年的北美独立战争结束。华盛顿时年51岁,他辞去军职,向部队告别。面对昔日生死与共的战友,他激动不已,与他们洒泪告别。人们热泪盈眶,纷纷与他拥抱。最后为了不使自己过于激动,他一句话也没有说,泪流满面地径直离去。在费城,他与财政部的审计人员一起核查了他在整个战争过程中的开支,账目清楚、准确,他甚至还补贴了许多自己的钱。

辞职的他回到了家,回到了自己的农场,过上了平静的生活。

华盛顿的辞职树立了一个影响深远的先例。人能主动放弃权力是不可思议的,对于一个能随其心愿担任任何职务的人而言,这就更令人称奇。

浮生一世,短短几十年,总有一天连生命都不得不放弃,还有什么看不开的呢?懂得放弃的人往往要比一味追求的人得到的更多些,也更放松些和快乐些。人生的路很宽,为官为民,有钱没钱,一样可以活得有滋有味,只不过各有各的活法而已。民有民的乐,官有官的忧;穷有穷的喜,富有富的悲,此皆随个人与环境的不同而变化,我们真的没有必要处心积虑地去追求不属于自己的东西。

当然,平常心并不是寻常人具有的,它是经历磨难、挫折后的一种心灵上的感悟,一种精神上的升华。"宠辱不惊,去留无意",说起来容易,做起来却十分困难。红尘的多姿、世界的多彩令大家怦然心动,名

利皆你我所欲，又怎能不忧不惧、不喜不悲呢？否则也不会有那么多的
人穷尽一生追名逐利，更不会有那么多的人失意落魄、心灰意冷了。只
有做到了宠辱不惊、去留无意，方能心态平和，恬然自得，方能达观进
取，笑看人生。

取得成就后而不陷入其中，所以赢得了别人的尊敬。即使是伟人也能
保持低调的一面，这是一种深沉的伟大。因为，一个人的功与过，是由自
己书写的，最终却是由他人来评说的。

●　●　●

2. "盛名"有时也是一种压力

平凡的人会羡慕那些拥有盛名的人，同时也希望自己能有那种非凡的
影响力，但是被盛名包围的人却真正明白，这种压力是无法言语的。

有才华的人也要避免拥有盛名。拥有盛名的才子才女们要不断花费大
量的时间到无用的事情上去，而且还容易才华枯竭。司马迁在写《史记》
的时候，并没有左拥右簇，相反是冷冷清清，正是因为冷冷清清，他才能
静下心来思考。拥有盛名的人周围往往热闹非凡，在这种情况下，他们很
难安静卜来思考自己的事情。他们只有不停地应付别人，而且不能怠慢，
把自己弄得很是疲惫，根本就没有认真思考的时间了。很多文学家在出名

以后就很少有杰出的作品产生,虽然有他们的思维定型的原因,但他们没有时间去改变思维也是一个重要原因。

盛名是不应该背负的,拥有盛名的人往往过得并不如意,原因就在于盛名给他们带来了很多负担。人的处境往往是由自己的心态决定的。人生就像爬山,爬了上去,也还是要下来的,爬得太高,在自己的心态不平和的情况下,一旦跌落下来,会摔得很重。如果一个人背上了盛名,就应该学会低调。

名声是把双刃剑,你用它装点自己的时候,同时也是在给自己埋下隐患。有人说过,这个世界上最伟大的人不是那种誉满天下的人,而是那种荣誉毁誉都满天下的人。所有人都说一个人很好,不见得他很伟大;而有的人对他崇敬有加,有的人对他恨之入骨,或许他才是个伟大的人。

人如果有一种泰然处世的心态,就会对盛名避而远之。

盛名之下的压力是难以想象的。"捧杀"这个词非常适合一些盛名之下的人,他们被过分地夸奖或吹捧、被抬高,滋生骄傲自满的心理,从而停滞不前,这样下去很可能就会堕落、失败。所以,当你正背负"盛名"这顶皇冠的时候,一定要仔细思量自己能否承受其重。

有这样一个寓言,值得我们深思:

在一个森林的草坪上,几只小鹿争论着彼此什么地方最足以炫耀。一只公鹿刻意地甩甩头,骄傲地说:"美丽的鹿角最神气,最帅气。"

小鹿的头上除了有些鹿茸外,什么也没有,都不免自惭形秽,羡慕不已。

"难道我们一点优点也没有吗?"有只小鹿不服气地说。

"不错!"公鹿立刻顶回去,"尤其,你们的四肢又细又瘦,难看死了。"

这时,狮子突然出现了。惊骇之余,大家四下拼命逃窜。摆脱了狮子的追逐之后,大家回头一看,却见公鹿狼狈不堪地在树丛中挣扎:"救命啊，我的鹿角被树枝卡住了！"就在公鹿进退不得之际，狮子追来了……

小鹿细瘦的四肢，虽然不起眼，但足可为逃生的工具；公鹿美丽的鹿角，虽然醒目，却是使它丧生的累赘。

虽然这只是一个寓言故事，但是生活中的很多人都像公鹿一样，热衷于虚名，却不知道虚名不过是徒有虚表，并不实用。

春秋时期，齐国有公孙无忌、田开疆、古冶子三名勇士，皆万人难敌，立下许多功劳。

但这三个勇士自恃功劳过人，非常傲慢狂妄，别说一般大臣，就是国君也敢顶撞。

当时晏婴在齐国为相，对这三位的举止言行很是担心。因为他们勇武过人，但没什么头脑，对国君也不够忠诚，万一受人利用教唆，必成大患。晏婴便与齐景公商议，要设计除掉这三人。一日鲁昭公来仿，齐景公设宴招待，晏婴献上一盘新摘的鲜美的大桃子。

宴毕，还剩下两只桃子，齐景公决定将两只桃子赏给臣子，谁功劳大就给谁。当然，这就是晏婴的计谋。若论功劳，自然是三勇士最大，但桃子只有两个，怎么办？三人各摆功劳，互不相让，都要争这份荣誉，其中两人先动起手来，一人失手杀死另一人后，自觉对不住朋友，自杀而亡。剩下的一位想当初三人为了争两只桃子，结果死去两个，也不愿独存，当场自杀。这样，齐景公就除掉了心头大患。这就是历史上有名的"二桃杀三士"的故事。

这个故事，也是一个贪虚名而得实祸的典型例证，如果他们相互谦让，不贪图身外的虚名，那么他们就不会丢掉性命，也不会成为千古笑柄。

虚荣心是人类最难克服的弱点之一。生活中，很多人都热衷于虚名，以为追求的是花冠，却不知是桎梏。王安石的《寄吴冲卿》诗中有一句"虚名终自误"，令人警醒。人追求荣誉，这无可厚非，但应该分清是什么样的荣誉：是名实相符，还是盛名之下其实难副的名誉。后者不仅徒累自身，还可能招致灾祸。

●　●　●

3. 修剪欲望，让生活变简单

压力太大，会将我们压垮。欲望太多，也会将我们压垮。

欲望出自人的本能，太过于压制并不是什么好事。但是如果欲望扰乱了我们的心神，让我们不得安宁的时候，就是应该修剪的时候了。

如果说，禁欲未免太极端，那么，修剪欲望总是可以的，比如：剪去狂躁，才能冷静处事；剪去虚浮，才能脚踏实地；剪去过多的贪欲，才能保持清醒；剪去猥琐，才能不令人厌恶……剪去这些杂乱的欲望，才能拥有一颗宁静的心，一颗奋斗的心和一颗愉悦的心。

有这样一则故事：

一天傍晚，两个非常要好的朋友在林中散步。这时，有位僧人从林中惊慌失措地跑了出来，两人见状，便拉住那个僧人问道："你为什么如此惊慌，到底发生了什么事情？"

僧人忐忑不安地说："我正在移植一棵小树，忽然发现了一坛子黄金。"

两个人感到好笑："这僧人真蠢，挖出了黄金还被吓得魂不附体，真是太好笑了。"然后，他们问道："你是在哪里发现的，告诉我们吧，我们不害怕。"

僧人说："还是不要去了，这东西会吃人的。"

两个人异口同声地说："我们不怕，你就告诉我们黄金在哪里吧。"

僧人告诉了他们埋藏黄金的地点。两个人跑进树林，果然在那个地方找到了黄金。好大一坛子黄金！

其中一个人说："我们要是现在把黄金运回去，不太安全，还是等天黑再往回运吧。这样吧，现在我留在这里看着，你先回去拿点饭菜来，我们在这里吃完饭，等半夜时再把黄金运回去。"

于是，另一个人就取饭菜去了。

留下的这个人心想："要是这些黄金都归我，那该多好呀！等他回来，我就一棒子把他打死，那么，这些黄金不就都归我了？"

回去的那个人也在想："我回去先吃饭，然后在他的饭里下些毒药。他一死，黄金不就都归我了吗？"

回去的人提着饭菜刚到树林里，就被另一个人从背后用木棒狠狠地打了一下，当场毙命了。然后，那个人拿起饭菜，狼吞虎咽地吃了起来。没过多久，他的肚子里就像火烧一样疼，他这才明白自己中毒了。临死前，他心里暗想：僧人的话原来是真的，我当初怎么就不明白呢？

欲望就像是一条锁链，一个牵着一个，永远不能满足。很多人都明白，贪欲会把人带向罪恶的深渊，让人失去理智。它可以使人相互摧残，甚至使最好的朋友反目成仇。贪字头上一把刀，人的内心一旦被贪欲吞噬，那他必将被其毒害。

人生如同一条河流，有其源头，有其流程，当然也有其终点，而不管流程有多长，有多短，终究都会到达终点，流入海洋。那么在我们活着的时候，有什么欲望是一定非满足不可的呢？为什么要让欲望恣意滋生呢？

人心里的欲望就像头发一样，总会向上生长。欲望是人痛苦的根源，因为欲望永远不能被满足。我们要做的是尽量将自己的生活简单化，减少对物质的过多依赖，简简单单的生活会让人觉得神清气爽。当然，我们不能要求每个人都做到清心寡欲，但至少我们可以在简化自己生活的过程中，减少自己的欲望。我们会明白，即使我们缺少一些东西，生活还是一样过得很好，甚至更快乐。

生活越简单，生命反而越丰富，尤其是少了欲望的羁绊，我们更能够从世俗名利的深渊中脱身，感受到自己内心深处的宽广和明净。因此，每一个人都应懂得修剪自己的欲望。

4. 艰难困苦是人生的一笔财富

能安于贫贱的人是有福之人，因为他们心里无财富的挂念，所以活得潇洒。而能在富贵中保持清心寡欲的更是有福之人，因为他们心里、眼里都无财富的挂碍，所以活得幸福。

但是人们往往被金钱迷惑了双眼，在欢乐的日子里，却想不到痛苦的一面；唯有超卓的人才不至于堕落。

一位老居士的家中生了一个男孩，长得英俊端庄，父母非常疼爱。这孩子从小就聪明异常，和一般的小孩子完全不同。他在无忧无虑中快乐地度过了黄金般的童年。

居士家的这个孩子，可是有高人一等的智慧。虽然他成长在安逸的环境中，但仍能了解人生的痛苦和罪恶。因此，他在成年以后，就辞亲出家当比丘。

有一次，在教化回来走过森林时遇到一队商人，他们到外乡经商路过此地。当时已是傍晚，夕阳西下。商人们扎营住宿。比丘看到这些商人以及大小的车辆载着大量货物，并不关心，只管在离商队营帐不远的地方徘徊踱步。

这时，从森林的另一端来了很多山贼。他们打听到有商队经过，就想趁夜幕降临以后劫掠财物。但当他们靠近商营的时候，却发现有人在营外漫步。山贼怕商队有备，所以想等大家都睡熟才好动手，然而营外巡逻的那个人，通宵不入营休息。天已渐亮了，山贼因无机可乘，只得气愤地大骂而走。

正在睡觉的商人，忽然听到外面的吵闹声跑出来看，只见一大队的山贼手执铁锤木棍往山上跑去。营外有一位出家人站在那儿。商人惊恐地走向前去问道："大师！您见到山贼了吗？"

"是的，我早就看到了，他们昨晚就来了。"比丘回答说。

"大师！"商人又向前问道，"那么多的山贼，您怎么不怕？独自一个人，怎能敌得过他们呢？"

比丘心平气和地说道："各位！见山贼而害怕的是有钱人。我是一个出家人，身无分文，我怕什么？贼所要的是钱财宝贝，我既然没有一样值钱的东西，无论住在深山或茂林里，都不会起恐惧心。"

比丘的话使众商人醒悟，他们认识到自己的凡俗，对不实在的金钱，大家肯舍命去取得；而对真实自由自在的平安生活，反而视若无睹。他们决心跟着这位比丘出家修行。从此，他们体会到这个世间苦空的意义，把无常的钱财带在身边，那实际上是一种拖累。

中国有句古话叫做：人生有三宝，丑妻、薄地、破棉袄。

因为贫穷，人才无恐惧心，因为贫穷，人才有上进心。艰难困苦是人生的一笔财富，它可以化无形为有形，并告诫你时刻保持冷静、清醒，正确对待有形的财富。

香港富豪徐展堂出身名门望族，幼年生活可谓优裕富贵。但上天似乎有意要考验他。他13岁时，父亲生意失败，不久又染上肺痨去世。年幼的徐展堂一下子从蜜罐掉进了苦海。当时，徐展堂刚读完小学，无奈只好放弃升学，出来谋生，提起幼年时未有更多读书机会，徐展堂至今还感到遗憾。

年仅13岁的徐展堂不得不涉足社会，面对人生。他曾从事过多种低微的职业，如银行信差、卖"云吞面"、为商店翻新旧招牌、安排看更等。从十几岁至二十几岁，是他一生中最为艰苦的奋斗阶段。

艰难的经历，不仅没有消磨他的意志，反而激发了他的斗志。他不甘心久居人下，白天工作，晚间则上夜校进修，学习英语，大量阅读历史书籍和名人传记，从中汲取思想养分。

就这样，他终于成长为香港传媒界眼里的新星。

无财是一种福气，能很好利用财富的人同样享有这种福气，佛陀所说的断掉各种贪欲，并非是说让人变得无情无欲，而是说要消除人的不合理的、过分的、有碍身心健康的欲望，从而完善人生，更加幸福。

5. 不能背负的东西，就学会笑忘

晋代陆机在《猛虎行》写道："渴不饮盗泉水，热不息恶木荫。"讲的是在诱惑面前的一种放弃、一种清醒。

在中国的人文精神里，是轻"物质"而重"精神"的，即古人所说的"人禽之辩"。但到了21世纪，世界似乎发生了颠倒性的变化，到处充斥着一种共同的东西，那就是欲望：权力的欲望、金钱的欲望、性的欲望、破坏的欲望、毁灭的欲望……欲望铺天盖地。欲望为王，主宰和控制着我们、支配着我们，令我们身不由己；同时，我们在被物化、被异化，在背离人生意义的道路上越走越远。

佛家劝诫世人："饥则食，渴则饮，困则眠。"现世的人却是不饥也食、不渴也饮、困也不眠，还要争先恐后、贪婪地追逐比别人多的金钱、比别人高级的汽车、比别人豪华的住宅……

俄国作家托尔斯泰写过一篇故事：

有个农夫，每天早出晚归地耕种一小片贫瘠的土地，但收成很少。一位天使可怜农夫的境遇，就对农夫说，只要他能不断往前跑，他跑过的所有地方，不管多大，那些土地就全部归他所有。

于是，农夫兴奋地向前跑，一直跑、一直不停地跑！跑累了，想停下来休息，然而，一想到家里的妻子、儿女，都需要更大的土地来耕作、来赚钱，所以，他又拼命地再往前跑！

真的累了，农夫上气不接下气，实在跑不动了！可是，农夫又想到将来年纪大，可能乏人照顾、需要钱，就再打起精神，不顾气喘不已的身子，再奋力向前跑！

最后，他体力不支，"咚"地倒在地上，死了！

古代波斯诗人萨迪曾说过：贪婪的人，他在世界各地奔走。他在追逐财富，死亡却跟在他背后。

的确，人活在世上，必须努力奋斗；但是，当我们为了自己、为了子女、为了有更好的生活而必须不断地"往前跑"、不断地"拼命赚钱"时，也必须清楚知道有时是该"往回跑的时候了"！

在一本测算个性的书中，有这样一个故事：一个男孩和一个女孩做了一个小测验，说如果同时丢掉三样东西：钱包、钥匙和电话本，最紧张哪一样？女孩毫不犹豫地选择了电话本，而男孩则选择了钥匙。答案是，女孩是一个怀旧的人，男孩是一个现实的人。

后来他们分手了，女孩的确总是被过去纠缠得不得安宁，一段大学时代未果的爱情至今让她念念不忘，而爱情中的他早已为人夫、为人父。女孩的心停留在了过去，一直为当初未能坚持到底而悔恨。就在这种自责与留恋中，她错过了一个又一个不错的男孩。

佛家有句话：苦海无边，回头是岸。道理大家似乎都懂，可真正理解并付诸行动的却寥寥无几。其实，烦恼都是自己找来的。

生活总会有遗憾的。也正因为存在遗憾，对未来才有期待，期待未来能够给我们一个明确答案。正如那尊断臂的维纳斯雕像，它的残缺成就了它的流芳百世，反而让人觉得它是那样美，让人有无限遐想和回味。

法国大文豪维克多·雨果，17岁那年与门当户对、年轻貌美的阿黛·富谢订婚，他20岁时两人便结婚了。阿黛是个画家，为雨果生了三个男孩两个女孩。这本应是个幸福的家庭，可是在他们婚后的第十年，阿黛遇到并很仰慕一位作家，最终追随这位作家而去。这使雨果十分痛苦，备受打击。第二年，他结识了女演员朱丽叶·德鲁埃，两人很合得来，随即坠入了爱河，这才使雨果那颗受伤的心得到了抚慰。

阿黛·富谢离开雨果后，生活并不幸福。她的经济一度很拮据，几乎到了举步维艰的地步。一次，她静心制作了一只镶有雨果、拉马丁、小仲马和乔治·桑四位作家姓名的木盒，到街头出售，可是因为要价太高，很多天都无人问津。一次，雨果从那儿经过看见了，就托人过去悄悄地买下来。这只木盒现在仍陈列在巴黎雨果故居展览馆里。

爱是无私的，同时也是自私的。什么时候该自私，什么时候该无私，自己心中应该有一个天秤。雨果能够做到静观、坦然，是他明白了自己已经放下了曾经的羁绊，自心底放开了，所以他收获了人生中第二份真诚的爱情。

往者不可谏，来者犹可追。已经消逝的就让它存留在记忆的最深处，把它当作自己人生历史书中的一页，潇洒地翻过去，继续前行，寻找自己人生中最美的香格里拉。

歌德说过，欢乐无穷又悲苦欲绝，一如情感，一如生活。生活本来就是由很多混合的味道组成的，甜和苦，酸和辣。是谁说快乐是肤浅的，只有痛苦是深刻的？牢记快乐的人生才能洒脱，快乐的记忆是重新开始的动力之源。活在痛苦的记忆中，人生难免充满了挫折感和失落感，生活的勇气何来？不就是从快乐中而来吗？

6. 换一种心境，就换了一种世界

态度决定命运，你相信这句话吗？这句话实际上蕴含着一个对待得与失的态度问题。生活中处处存在选择，既然有选择，就必然有得有失，你看待失多点儿，还是得多一点儿，真的会影响你的生活，有时甚至影响你的人生，你的命运。

俄国作家契诃夫在他的《生活是美好的》一文中，这样写道：

"要是火柴在你的衣袋里着火了，那你应该高兴而且感谢上苍：多亏你的衣袋不是火药库。"

"要是有穷亲戚上别墅来找你，那你不要脸色发白，而且要喜气洋洋地叫道：很好，幸好来的不是警察！"

"要是你有一颗牙痛起来，那你该高兴：幸好不是满口的牙痛。"

"要是你的手指头扎了一根刺，那你应当高兴：很好，多亏这根刺不是扎到眼睛里！"

……

契诃夫的文风向来都是诙谐、幽默的，透过他的文字，可以看出他的观点：不要总因为失去而痛苦，其实得与失都是相对的，如果你常感到失落，那是因为你总是偏执于一点儿细微的丧失，而看不到生活的美好，只要你心态平和，你就能常常体验到获得的快乐。

契诃夫如此，爱迪生亦如此。

　　1924年12月9日的晚上，位于西橘城规模庞大的爱迪生工厂，遭到了灭顶之灾，整个工厂几乎化为焦土。当晚爱迪生损失了200万美元的财产，更痛心的是，他许多毕生研究的成果也付之一炬。当时他已60岁高龄，他的儿子神色仓皇地寻找他父亲，最后总算找到了，爱迪生站在火场附近，满面通红，一看到小爱迪生就说："查尔斯，你母亲哪儿去了？快去找她，带她到这儿来，她有生之年永远不可能再看到这样的场面了。"第二天早晨，他巡视熄灭的火场，他所有的希望和梦想已在大火中化为灰烬，可是爱迪生却说："一场灾难具有重大的意义，所有犯过的错误，都随着大火而焚毁。"三个星期后，也就是那次浩劫后的第21天，他制造了世界第一部留声机。

　　还有一件事情值得一提。爱迪生小时候曾在火车上当报童，他一面卖报一面研究化学，有一次不慎失火，被车长重重地扇了耳光，从此他的耳朵就罹患重听。这件事一般人可能会悔恨终生，但爱迪生却能从中发现好处。有一次有位朋友跟他提起重听之事，他却说："重听有什么不好？它使我免于听见别人的闲言闲语。"

　　一个人能在不幸遭遇中发现其积极的一面而予以承担，那就是悟，就能免除许多怨忿和烦恼，爱迪生真不愧是一位能转烦恼为智慧的人。

　　生活中的一切事物，都有它积极与消极的一面。你发现了积极的一面，你就会心生愉悦；你专注于消极的一面，就会情绪低落、精神不振。既然生活是在失与得之间徘徊，是一连串得与失的总和，那又何必偏执、何必计较得到了什么，失去了什么；得到了多少、失去了多少？换一种心境、一种角度、一种态度，就能拥有另外一个世界。

7. 最大的好处,也许是最深的陷阱

在我们的现实生活中,需要有一种放弃的清醒。在物欲横流、灯红酒绿的今天,摆在每个人面前的诱惑实在太多,特别是对有权者来说,可谓"得来全不费工夫"。这就需要保持清醒的头脑,勇于放弃。如果抓住想要的东西不放,甚至贪得无厌,就会带来无尽的压力和痛苦不安,甚至毁灭自己。

人生总会面临许多诱惑,之所以称为诱惑,是因为它对人具有巨大的吸引力,动摇人们意志,使人们做出违背自己意志的选择。

某大公司准备以高薪聘用一名司机,经过层层筛选和考试之后,只剩下三名技术最优良的竞争者。主考者问他们:"悬崖边有块金子,你们开着车去拿,觉得能距离悬崖多近而又不至于掉落呢?"

"二公尺。"第一位说。

"半公尺。"第二位很有把握地说。

"我会尽量远离悬崖,愈远愈好。"第三位说。

结果这家公司录取了第三位。理由是:"和诱惑不要较劲,而应离得越远越好。"

像幸运与灾难一样,诱惑在人的生活中也扮演了它的一个角色。诱惑是无处不在的。职场中,诱惑以其更多的姿态出现,如金钱、名誉、身份、地位、不能兑现的谎言等。臣服于诱惑将给我们造成职业生涯和人生

的不幸与灾难。认清诱惑，经常性地进行自我盘点，和诱惑保持足够的安全距离，才能保证健康的自我发展空间。

野兔是一种十分狡猾的动物，缺乏经验的猎手是很难捕获它们的。但是一到下雪天，野兔的末日就到了。因为野兔从来不敢走没有自己脚印的路。当它从窝中出来觅食时，它总是小心翼翼的，一有风吹草动，它就逃之夭夭。但走过长长的一段路后，如果是安全的，它返回时也会按着原路退回。

猎人摸清了野兔的习性，只要找到野兔在雪地里留下的脚印，然后做一个机关，再恢复表面的形状，第二天早上就可以去收获猎物了。

兔子致命的缺点就是它太相信自己走过的路。

我们有时会遇到别人对你甜言蜜语，给你种种好处的情况。甜言蜜语使人十分舒适，而种种好处更使人陶醉。然而，最甜蜜的举止，也许是最毒的药物。最大的好处，也许是最深的陷阱。

活在世界上，我们必须与各种各样的人打交道，一定会与许多说不清的风险相遇。但是，如果缺乏对自己负责的基本态度，和对内外风险的防范之心，就可能造成生命财产、情感、事业等多方面的破坏。

因此，我们一定要学会扔东西。有许多念头和情感是有毒的，像牛蒡草一样黏在你身上，像蜜蜂一样刺你。一个智者说："浮荡的生活如同在地狱里，而有定向的生活则如同在天国里。"不要随意放纵自己，不要轻易向各种诱惑低头，坚持自己的方向与计划，管理好自己的人生。否则，你很可能随波逐流，贪图眼前的一点点安逸享受，而损失掉生活中真正的财富。

第九章

从容一些,
你会更快乐一点

1. 抛弃浮华，不忘初心

　　我们总是将快乐简单地定义为欲望的满足，认为只有得到了自己想要的东西，只要自己完成了心愿，就可以获得幸福，而欲望的满足常常又定义在荣华富贵这些浮世的繁华之上。一个人养活自己很容易，但要想养活自己的欲望就会很困难，我们之所以常常感到不快乐和幸福，只是因为自己的欲望在不断膨胀，我们渴望得到更多，渴望拥有更多，所以永远都在不知足中苦苦挣扎，永远都在为自己的富贵计划而烦恼，这样一来，人生自然就难以快乐起来。

　　还记得莫泊桑的小说《项链》里的女主人公玛蒂尔德·罗瓦赛尔吗？她住着寒碜的房子，却梦想着幽静的厅堂；她吃着"好香的肉汤"，却梦想着名贵的佳肴；她有罗瓦赛尔的呵护，却梦想着最亲密的男友。现实和梦想的差距很大，可谓"心比天高，命比纸薄"。有人说幸福是以梦想作分母以现实作分子的分数。这样看来，玛蒂尔德作分母的欲望数值太大，所以幸福值是很低的.因此她整天生活在痛苦之中，但显然这痛苦是她自找的，可谓木匠作枷——自作自受。

　　玛蒂尔德为了参加舞会而向有钱的女朋友借来"钻石"项链，在舞会上大出风头，让自己膨胀的虚荣心得到了最大限度的满足；但乐极生悲，项链的丢失使她不得不用十年的节衣缩食和艰辛努力来偿还债务。于是她辞退了女仆，迁移了住所，生活由温饱型变成贫困型，她本人也由夫人变成了平民妇女。等她还清所有债务后，才得知所丢的项链是假的，才得知她为一串才值5法郎的假项链付出了十年的艰辛,消磨了十年的青春年华。

试想,如果当年参加那个舞会,玛蒂尔德听她丈夫的话,简单戴上几朵花,或者干脆什么都不戴,简简单单地去享受那份愉快,那么之后的人生肯定是大不同的。强烈的虚荣心毁掉了她的一生。

纷繁的都市生活,让女人们越来越追逐时尚,而名牌往往是时尚的领头羊。女人都沉迷于购买大牌包包、高档服装、名牌化妆品、高端手机、名品相机等,这些都是女人们无法抗拒的诱惑。

而拥有了这些的女人们,真正的幸福了吗?也许她们不过是物质的奴隶。华丽的服饰是可以装点女人的,使美丽的女人锦上添花,普通的女人增加亮采,而服饰终是外在的东西,只能起到装饰作用,只能做女人的配角。

曼谷的西郊有一座寺院,因为地处偏远,香火一直非常冷清。

原来的住持圆寂后,索提那克法师来到寺院做新住持。初来乍到,他绕着寺院四周巡视,发现寺院周围的山坡上到处长着灌木。那些灌木呈原生态生长,树形恣肆而张扬,看上去随心所欲,杂乱无章。索提那克找来一把园林修剪用的剪子,不时去修剪一棵灌木。半年过去了,那棵灌木被修剪成一个半球形状。

僧侣们不知住持意欲何为。问索提那克,法师却笑而不答。

这天,寺院来了一个不速之客。来人衣衫光鲜,气宇不凡。法师接待了他。寒暄,让座,奉茶。对方说自己路过此地,汽车抛锚了,司机现在修车,他进寺院来看看。

法师陪来客四处转悠。行走间,客人向法师请教了一个问题:"人怎样才能清除掉自己的欲望?"

索提那克法师微微一笑,折身进内室拿来那把剪子,对客人说:"施主，请随我来！"

他把来客带到寺院外的山坡。客人看到了满山的灌木，也看到了法师修剪成型的那棵。

法师把剪子交给客人，说道："您只要能经常像我这样反复修剪一棵树，您的欲望就会消除。"

客人疑惑地接过剪子，走向一丛灌木，咔嚓咔嚓地剪了起来。

一壶茶的工夫过去了，法师问他感觉如何。客人笑笑："感觉身体倒是舒展轻松了许多，可是日常堵塞心头的那些欲望好像并没有放下。"

法师颔首说道："刚开始是这样的。经常修剪，就好了。"

来客走的时候，跟法师约定他十天后再来。

法师不知道，来客是曼谷最享有盛名的娱乐大亨，近来他遇到了以前从未经历过的生意上的难题。

十天后，大亨来了；十六天后，大亨又来了……三个月过去了，大亨已经将那棵灌木修剪成了一只初具规模的鸟。法师问他，现在是否懂得如何消除欲望。大亨面带愧色地回答说："可能是我太愚钝，眼下每次修剪的时候，能够气定神闲，心无挂碍。可是，从您这里离开，回到我的生活圈子之后，我的所有欲望依然像往常那样冒出来。"

法师笑而不言。

当大亨的鸟完全成型之后，索提那克法师又向他问了同样的问题，他的回答依旧。

这次，法师对大亨说："施主，你知道为什么当初我建议你来修剪树木吗？我只是希望你每次修剪前，都能发现，原来剪去的部分，又会重新长出来。这就像我们的欲望，你别指望完全消除。我们能做的，就是尽力把它修剪得更美观。放任欲望，它就会像这满坡疯长的灌木，丑恶不堪。但是，经常修剪，就能成为一道悦目的风景。对于名利，只要取之有道，用之有道，利己惠人，它就不应该被看作是心灵的枷锁。"

大亨恍然。

名利并不可怕，可怕的是对名利无止境的贪念。真正摧毁一个人生活的并不是名利，而是随名利而来的虚荣、黑洞一样越来越大的欲望。追求名利，同时不被名利左右的人，才是有理想，有智慧的人。

中国的禅宗有一种大智慧，认为人的物欲把人引向了歧途，使人变成了苦役犯。因而它主张祛除欲望，体味真的生活。禅诗云："春有百花秋望月，夏有凉风冬听雪，心中若无烦恼事，便是人间好时节。"这意思是不为物欲所累便能获得幸福。中国世俗圣贤们也不乏有这类觉悟。当年孔子夸奖他的学生颜回，说"一箪食，一瓢饮，在陋巷，人不堪其忧，回也不改其乐"，这是说人生命本来的喜悦绝不是贫困所能剥夺的。

两个僧人从山间走过，看到一位隐士正在耕田，僧人说："我们特地来拜访您，因为您是一个有大智慧的人。我们都知道，您曾是宰相，在最鼎盛的时候自愿离开朝廷，在这里隐居。我们想知道，为什么您甘愿过这么简朴的生活？"

隐士说："家财万贯，一日不过三餐；广厦万间，夜眠不过三尺。我有什么放不下的？如今我每日怡情养性，著书立说，过的是最逍遥的日子。"僧人听了不禁感叹："这是智者才说得出的话啊。"

隐士认为他简朴的生活逍遥快活，就是拥有一颗平常心：人生只需吃能够解决温饱的饭，无须山珍海味，无须满汉全席；人生只需住可以容身的房子，无须雕梁画栋，无须广厦千尺；人生只需要穿可遮蔽身体的衣服，无须锦衣华贵，无须珠饰环佩。这样的生活对于多数人而言未必会很精彩，但是一定能够体味到最纯的幸福。

我们常常昂首去寻找天际的风，却不知风正在指尖缠绕流走，正在周身游弋飘荡；其实，只要抛弃浮华，不忘初心，那么人生就不会被外界的繁华世界所束缚；只要心境淡薄，那么自在逍遥就会无处不在。

● ● ●

2. 没关系，我可以

在生活中，"没关系"这句话似乎一直都是我们在对别人说，或者是听到别人在对我们说，这一句简单的"没关系"在很多情况下，体现的是一种包容的美德与礼让的气度。人们在日常生活中，习惯于对别人说"没关系"，习惯于忍让他人的过失与失礼，习惯于将包容与礼让尽可能地给予他人。但是，今天我们要讲的，是多对自己说一句"没关系"，因为这一句简单的"没关系"还包含了另外一层极为重要的含义：就是包容自己的失败与错误，在人生的失意中，多给自己一份鼓励，多给自己一个机会，去赢得最后的成功。

著名节目主持人杨澜在刚加入《正大综艺》节目组的时候，曾经为来自各方面的评论苦恼不已。

《正大综艺》播出后，收到了大量的观众来信。在此之前，杨澜虽然没听过什么极端的赞美，但也没有受过直截了当的批评。几封表扬信不会使她沾沾自喜，但是对于那些评头论足的批评信，杨澜有点受不了，她常常因为一封批评信而沮丧一天。

在那些信件中，有人说她笑得不够，有人说她笑得太多，有人要求她多一点幽默，也有人要求她别忘了东方女性的含蓄端庄……那时候的杨澜很希望自己能满足每一个人的标准，她甚至开始怀疑自己是否有做一名优秀主持人的潜能。

正当杨澜陷入烦恼的漩涡中时，一次姜昆问她："你有没有勇气做你自己？"杨澜说："有时有，有时还缺点儿勇气。观众的批评总不能置若罔闻吧？"

姜昆又对杨澜说："你首先应该放弃想讨好所有的人的想法。先做你自己，然后再考虑那些批评到底有没有价值。有些人眼中的你的缺点，恰恰就是你的特点。观众看过的从一个模子里铸出来的人太多了，你别迫不及待地再去加入那个行列了。"

"您有什么样的缺点是希望自己快点改正的？"后来，当有人这样问杨澜的时候，她都回答说："我觉得其实每个人都有优缺点，而且不要追求完美，我觉得有点缺点挺好。要想把缺点全部克服了，我觉得，第一，不可能；第二，没必要。一个人就像硬币一样，有正面一定也有反面，如果反面改了正面也不称其为正面了。我不太想改正自己，我觉得这样挺好，有点缺点，可能有的时候容易情绪化，或者有的时候对团队要求太高了，或者自己有时候想偷点懒，我觉得都挺正常，我不想改变。"

我们在人生的道路上，不会永远一帆风顺，失败是我们想要避免却时常发生的，"如影随形"一般。有时候，很多人将自己的失败归结于自己的错误，将别人的否认归纳为自己的失败，因而不肯"放过"自己，让自己陷入深度的自责和自怨中。可是自责与自怨能够解决什么根本问题呢？事实是，这是一种自我折磨与自我放弃的表现，是一种没有勇气面对错误、承认错误、改进错误的表现。以这样一种方式应对失败，显而易见，是不可能走出困境、获取真正的成功的。

2008年8月17日，在北京奥运会女子竞技体操决赛场上，我国女子竞技体操名将程菲两次失手。第一次是她最拿手的跳马。众所周知，她的跳马技术，堪称当今女子跳马最高水平。2005年墨尔本世锦赛上，程菲一鸣惊人，就是凭借她的高水平发挥，不仅夺得中国首个女子跳马世界冠军，她的新动作还被国际体坛命名为"程菲跳"。而在2008年的奥运会上仅有一名选手会跳"程菲跳"，所以，我们都以为这块金牌非她莫属。比赛开始后，她的第一跳以完美的表现获得全场最高分16.075分，然而在第二跳跳自己的"程菲跳"时，她却跪在了地上。这是她第一次在最拿手的动作上翻船。

在接下来的第二个项目自由体操上，程菲又摔在了垫子上。如果说这一次失手是因为她还未走出上一个项目失败的阴影，思想上有包袱，失败情有可原。那么第一次失手就是因为她过于追求完美的结果。她想把自己的最高水平在奥运会上展现给全世界的观众，结果却适得其反。如果她不是为了追求更完美，而是稳中求胜，程菲跳"程菲跳"何至于失败？

对自己说"没关系"，是一种积极的生活态度，更是一种成大事者的必备风范。在人生之中，真正的赢家，不仅要具有包容别人的"海纳百川"的精神，更要有一种善待自己"一笑而过"的心态。在错误与失败面前，我们笑着对自己说一声"没关系，我可以从头再来"；在别人的否认与嘲笑面前，我们笑着对自己说一声"没关系，我可以继续努力，做得更好"；在挫折中跌倒之后，我们笑着对自己说"没关系，我可以爬起来继续前进"。

　　一只小蚂蚁看到屋顶上有一块蛋糕渣，便想享用这块美味。于是，它开始努力地向屋顶爬去。但是因为墙壁太光滑，它一次又一次跌落下来，一直没能爬到屋顶上去。这时，一只蜈蚣正好经过这里，就劝阻蚂蚁说："小蚂蚁，你是不可能爬到屋顶上去的，你不要白费力气了，快回家去吧。"小蚂蚁听后回答说："没事的，我一定会想办法爬上去的。"蜈蚣离开后，小蚂蚁咬咬嘴唇对自己说："没关系，这面墙我爬不上去，我可以选择另外一条路上去。"于是小蚂蚁爬上了一棵大树，顺到房檐的树枝爬到了屋顶上。这只小蚂蚁经过努力，终于吃到了这块美味蛋糕渣。

　　生活中，我们无论做什么事情，都会遭遇挫折，有时甚至是不可突破的失败。如果我们能像这只小蚂蚁一样，在失败面前对自己说"没关系，希望还在"，那么我们一定可以寻找到一条通向罗马的成功之路。

　　学会对自己说"没关系"，要抛开他人的眼光与评论，即便遭受他人的否认与嘲讽，也要坚持自我、相信自我；不断地进行自我完善，坚持自己的信念。

　　爱因斯坦的《三个小板凳》的故事大家都不陌生吧？在一次手工课上，同学们的作业都完成得相当出色，唯有爱因斯坦的作业是一只粗笨、丑陋的小板凳。当时，同学们哄堂大笑，老师也向他投来鄙夷的目光。而爱因斯坦这时又从书包里拿出了两个一模一样的小板凳，对老师说："老师，我一共做了3个小板凳，我交给您的这个是其中最好的一个了。"当时听到爱因斯坦的话，老师觉得有点诡异，同学们仍然还在嘲笑爱因斯坦的愚笨。而此时，爱因斯坦说："老师，没关系，我这次做的不能让您满意，我下一次一定会做得比这个更好。"

　　爱因斯坦这一句"没关系"看似是说给老师听的，但在爱因斯坦的内心，这简单的3个字却是说给自己听的，他没有因别人的否认与嘲笑而自愧、气馁，反而以自信的心态肯定了自己。爱因斯坦的这种自我完善与自我肯定精神，对其以后的成功产生了重要影响。

学会对自己说"没关系"，就要学会善待自己，在生活的困苦、艰辛中多给自己一点鼓励、多给自己一点安慰、多给自己一些爱。有一句话说得好："再苦再累，也不要忘记爱自己。"人生也许会抛给我们无数艰辛与坎坷，如果我们自己还要为此为难自己，那么，我们要如何去创造快乐的人生呢？

当命运在人生际遇中给予你失败、挫折、否认时，你一定要记住对自己说一句"没关系，我可以……"那么，你给自己赢得的将是无限的成功！

● ● ●

3. 命里有时终须有，命里无时莫强求

我们常说，"命里有时终须有，命里无时莫强求"，但事到临头，我们不是倒向"莫强求"的消极念头，就是倒向"不松手"的执著顽固。

从前，在一片茫茫的沙漠中有一个小村子，村中的人们守着一片绿

洲过了几千年。偶尔，当沙漠中风沙四起，或者绿洲干涸时，村里的人便会遭受巨大的折磨。一代又一代的人总是抱怨着上天的不公平，却从未尝试从这里走出去。他们一直留在原地，并且固执地相信这片沙漠是走不出去的。

有一天，村子里来了一位云游四方的老禅师，人们围住他劝他不要再继续往前走，他们说："这片沙漠是走不出去的，我们祖祖辈辈都在这里，你就不要再去冒险了！"老禅师问："你们在这里生活得幸福吗？"村民们说："虽然环境有些险恶，但是也没有什么不可忍受的。没有幸福，也没有不幸福。"老禅师又问："那么你们有没有尝试走出这片沙漠呢？你们看，我不是走进来了吗？那就一定能走出去！"村民们反问："为什么要走出去呢？"老禅师摇摇头，拄着拐杖又上路了。他白天休息，晚上看着北斗星赶路。三天三夜之后，他走出了村民们几千年也没有走出的沙漠。

村民们接受了命运的安排，默默地承受着恶劣环境的折磨，甚至没有动过改变这种现实的念头，几千年来日复一日地过着相同的日子。"哀其不幸，怒其不争"，老禅师之所以摇头也正是为此。

正如弘一法师劝解世人所说的那样："世界上，根本没有过不去的事，只有过不去的心。"有时候，过不去的心表现为不去努力争取本来可以做到的事，而是随波逐流，空耗余生。就像上面的故事说的一样。

还有时候，过不去的心还表现为不愿意放弃我们曾经拥有的东西，比如财富、爱情……

有一个关于前世今生的故事，说在很久以前，有个书生和未婚妻约好，在某年某月某日结婚。可是到了那一天，未婚妻竟嫁给了别人。书生受此打击，一病不起。家人用尽各种办法都无能为力，只能无奈地看着他奄奄一息，行将远去。

这时，一个云游僧人路过此地。在得知情况后，僧人决定点化一下书生。于是他来到书生的床前，从怀里摸出一面镜子让他看。书生看到茫茫大海，一名遇害的女子一丝不挂地躺在海滩上。路过一人，看一眼，摇摇头，离开了；又路过一人，看了看，将自己的衣服脱下来给女尸盖上，但是站了一会儿也离开了；又一位路人走来，挖了一个坑，小心翼翼地将尸体掩埋了。书生正在疑惑间，忽然看到画面切换：洞房花烛夜，自己的未婚妻被她的丈夫掀起盖头。书生不明所以，迷惑地望向僧人。

僧人解释说："海滩上的那具女尸，就是你未婚妻的前世，你是第二个路过的人，曾给过她一件衣服。她今生和你相恋，只为还你一个情。但她要报答一生一世的人，是最后那个把她掩埋的人，那个人就是她现在的丈夫。"书生大悟，猛地从床上坐起，病竟然痊愈了！

尘世间的一切，都是无数因缘聚合而成的，我们既要有追求的勇气，也要有懂得放手的睿智。美国神学家尼布尔有一句有名的祈祷词："上帝，请赐给我们胸襟和雅量，让我们平心静气地去接受不可改变的事情；请赐给我们力量去改变可以改变的事情；请赐给我们智能，去区分什么是可以改变的，什么是不可以改变的。"

当你碰到突如其来的灾难时，如果已成事实那就坦然、从容地接受它。接受现实，并不等于束手接受所有的不幸。只要有任何可以挽救的机会，我们就应该奋斗。但是，当我们发现情势已不能挽回时，我们最好就不要再思前想后、拒绝面对；接受不可避免的事实，只有如此，才能在人生的道路上掌握好平衡。

4. 我配得上最高尚的东西

就像伟大的德国哲学家黑格尔所说的那样："人应尊敬自己，并应自视能配得上最高尚的东西。"

虽然在现实生活中，大多数人终其一生都难以创造出惊人的成就，可是，只要能把独立乐观当作生命应尽的责任和义务，不被俗世观念击败，毫不退缩地去追求，积极释放自己的能量，就能找到自己的位置。有了坚持和执著，人们才能在艰难中赢得尊敬与机会，创造出自己的奇迹。

生活艰难的时候，大多数人都习惯接受外力的援助，总是期盼能有上帝或者贵人降临，帮助自己快速脱离困境；即便后来开始努力补救，但心中其实仍充满了怨恨，觉得自己是最不幸、最倒霉的人。这样的消极心态，是相当不正确的。想想更艰苦的人吧，让自己站起来的第一个动作就是擦干眼泪！

俄国作家屠格涅夫说："自尊自爱，作为一种力求完善的动力，是一切伟大事业的渊源。"

要是一个人被偏见和嘲讽阻挠，丧失了上进的勇气，即使旁人给予再多的鼓励也是无济于事的。

自己不努力，只等着博取别人的同情和帮助是可耻的！施舍和援助只会让一个人加速软弱，让自己彻底变质，沦为不幸的象征，同时让本来隐藏的破坏更具体、更持续。不因自己的卑微而放弃尊严，该说就说，该笑就笑，该唱就唱，这种人才能勇敢地承载所有的考验，寻找扭转命运的机会！

　　两千五百多年前的希腊，有个谈吐不清、又矮又丑的孩子，他先是被人们当作疯子，后来又被舅舅虐待，在失去疼爱自己的母亲后，他被一个坏心眼的牧羊人卖掉，成了奴隶。这个可怜的孩子在各种苦难中成长，最后竟然逐渐能够正常说话了，而且他还特别喜欢将自己看到的、听到的各种传闻编成故事讲述出来。由于他善于向人们展示才华，还曾依靠机智为主人排忧解难，因此，为了奖励他的博学和聪颖，主人恢复了他的自由，实现了他到各地游说的愿望。

　　这个不简单的人，就是著名的寓言家伊索。

　　每个人都无法选择自己的出身，或强或弱，或好或差，都是所谓的命运。但是，我们可以改造这样的安排，运用后天的智慧，学着调整，打造出一种最满意的生活方式，将生命中一些无形的伤害降到最低。

　　作为一个奴隶，表面看只能被动接受命运的安排，可伊索不喜欢这样的安排，他竭力地冲击那些看起来难以破裂的壁垒。当他放弃奴隶的驯服与安静的本分，滔滔不绝地发表意见、吸引人们视线的时候，他也赢得了尊重和注视，而他未来的道路也因此被开拓出来。

　　方寸之间，自有天地。面带微笑地去迎接挑战吧！当你不管输赢都能镇定执著并且乐观积极时，就连敌人也要佩服你几分。

　　越是辛苦的时候，越不要被环境拖累得心黑语恶，让别人难以接近。要是你在辛苦的时候还能无畏地微笑，理智就能帮你驱散这些伤害，痛苦只能败下阵来，变成一个短暂的过客，离开你的生活。

　　懂得激发身上积极的特质，营造自尊的微笑，就是一个改变困境的好办法！

5. 千万不要预支明天的不幸

困难像弹簧,看你强不强;你强它就弱,你弱它就强。很多困难之所以成为困难,就是因为我们在想象中把困难夸大了。

新闻记者琼斯极为羞怯怕生,一天,他的上司让他去访问大法官布兰代斯,琼斯大吃一惊,说道:"我怎能要求单独访问他呢?布兰代斯不认识我,他怎么肯接见我?"在场的一个记者立即拿起电话打到布兰代斯的办公室,和大法官的秘书讲话。他说:"我是《明星报》的琼斯(琼斯在旁大吃一惊),我奉命访问法官,不知道他今天能否接见我几分钟?"他听对方答话,然后说:"谢谢你,我按时到。"他把电话放下,对琼斯说:"你的约会安排好了。"

琼斯说:"从那时起,我学会了单刀直入的办法,做来不易,却很有用。克服了心中的畏怯,接下来就比较容易了。"

此刻看起来虽然困难,但是,即使是这种困难也会过去的!

公司业绩不好,失业率升高,物价上涨……不景气的时候,每个人几乎都是朝也痛苦,夕也痛苦,张嘴就是:"明天怎么过?"

其实,笑是过一天,哭也是过一天,明天的痛苦还没有真正发生,我们为什么要为此忧心而皱起眉头呢?

在荷兰首都阿姆斯特丹,一座15世纪的教堂废墟上有则留言:"事情是这样的,就不会是那样。"

要知道，任何事情一旦发生了，即使不如你的意，你也只能承受那样的结果。

接受命运的一些安排，是一般人不可抗拒的选择。当你陷在痛苦和不满的泥沼中时，若只会一味地沉浸于眼前的种种不快，那么即使有不错的机会造访，也会被你忽略。因此，面对困难时理智的做法应该是：千万不要预支明天的不幸！等到不幸确实来临时，更要临危不乱，专注精神尽量补救，才能降低它所带来的损害。

纵观古今中外，李嘉诚能顶住当年的经济危机而叱咤商界，海伦·凯勒能在双目失明的情况下写出不朽的著作，罗斯福身有残疾却依然能领导一个国家……这些人，难道不是和我们一样，也曾遭遇过重大的打击吗？他们为什么能那么快地站起来，幸福地享受成功的果实呢？

其实，道理很简单。他们都是生活的乐观者，能够在黑暗中看到光明的征兆，挺过艰难的磨练。因为豁达，因为知足，因为不向逆境屈服，所以他们崛起！

做人需要向前看，即使前面充满了各种未知的危险；做人也需要向后看，感谢命运为你提供的一切帮助和关怀。

有个故事，讲的是动物王国推出了一个"谁感到生活最幸福"的问卷调查，一头即将被人类屠杀的猪在所有的提问上都打上了满意的红勾。所有的动物听到这个消息都议论纷纷，觉得难以相信。于是报社记者赶到了屠宰场，紧急采访那头对生活的满意度最高的猪。

记者问道："请问，你不是即将失去生命吗？怎么可能会感到幸福呢？"

猪说："我的一生确实是幸福的！至少，我是这么觉得。因为一头猪的幸福不是单方面的感受，而是和大多数动物相比而言的。我一生下来，就不会被要求去学习各种高难度的技巧，可以自由地运动、娱乐、休息和睡觉。当我想晒太阳的时候，我能在温暖的泥泞里打滚，尽管有些脏，却没有任何人阻挠。当我想吃的时候，我有丰盛的食物，而且我吃得越多得到的肯定也越多。当我疲惫的时候，没有任何人会派遣我去做那些繁重的劳动，我也不会像牛、羊一样有无法逃避的义务。

"当我日益肥壮，人类要将我制成香肠和烤肉的时候，说真话，我觉得这样的死亡并不可怕！想想看，哪一个动物不会死去？如果我享受了你们无法享受的一切快乐，那么，提前进入天堂也是一种良好的待遇！最起码，你最后一眼看到的依然是年轻漂亮的我！"

所有的动物闻言都停止了嘲笑，开始反省起自己的生活。

这确实是一头幸福的猪！它不拿自己的短处和别人的长处比，不去推测、预支明天的不幸，安然地享受真实的每一天。即使必须死亡，它也能将死亡视作一种完美的告别，让别人对自己肃然起敬。

作为比猪聪明的人类，难道我们不能和这头可爱的猪一样，珍惜自己所拥有的，感谢上天所赐予我们的健康、平安和睦的家庭、孝顺的子女吗？薪水虽低，只要不去购买奢侈品，我们还是可以度日；工作虽不显赫，但是同仁和老板都算和气，办公环境轻松愉快；奖金虽然没有指望，但医院的健康检查报告显示自己身体一切无恙，而孩子们上学还能拿到前几名……所有的这些，难道都不值得你默默地感谢吗？

想要告别不幸，任何人的帮助和安慰都是无效的。因为你的所有情绪都是由自己控制的，只有靠自己想通，并珍惜身边所拥有的，才能坦然地消化并接受所谓的不幸，让自己释怀。

杰出的企业家艾科卡在经营管理美国福特和克莱斯勒两大汽车公司的生涯中，创造出许多惊人的奇迹。他用卓越的管理和大刀阔斧的改革，将美国第三大汽车公司克莱斯勒从崩解的边缘挽救回来。他在回忆录里提到了父亲对自己的影响。

艾科卡的父亲是一个典型的乐天派，无论遇到什么紧急情况，总会保持"先别急，等一等""太阳还会升起，它会照常出来"的冷静态度。因为受到这种精神的影响，艾科卡在面对重大决策时总能让自己保持清醒的头脑，并且告诫自己：此刻看起来虽然困难，但是，即使是这种困难也会过去的。

今天的事情今天解决，即使今天暂时不能解决，也不代表明天、后天、大后天永远不能解决。提前把焦虑情绪带进生活，除了扰乱自己的思绪外毫无用处！

事实证明，一个能在危难时刻保持乐观情绪的人，一定拥有自信成熟的心智。而乐观的情绪和良好心智一旦协调配合，就能激发起奋发的精神，让自己从像乱麻一样的困境中走出来，有条理、有方法地进行改善，把结果控制在最好的程度。

英国著名的博物学家赫胥黎说："没有哪一个聪明人会否定痛苦与忧愁的锻炼价值。"任何一种情绪都会给人带来不同的反应。但不管多么恶劣的状况即将逼近，每个人都要努力去发现潜伏的希望，以及自己的优势，坚信成功往往在最后一分钟来敲门。只有毫不松懈地进行对抗，那些麻烦才会被一点点铲除直至消失。

美国医学专家做过这样一个实验，他们让失眠患者服用一种用水和糖加上某种颜色配制的粉状安慰剂。这种安慰剂本身并不具任何药效，但当患者相信医生介绍的药方，对该药持乐观态度，服用安慰剂以后，几乎90%的患者都感到病情大大减轻，有人甚至痊愈了。结果证明，乐观的态度对人体起到了非常积极的暗示作用。

人的一生，总免不了要遭遇困难和失败，我们不能像那个雨天为卖阳伞的大儿子哭、艳阳天为卖雨伞的小儿子哭的老婆婆一样，而是应该雨天庆幸小儿子有生意，艳阳天庆幸大儿子有生意，充分认识自己面临的处境，理智地接受生活的安排和挫折。

不去预支明天的不幸，用乐观的情绪笑对一切，未来的路上才有阳光。

●　●　●

6. 等待是一种靠近幸福的智慧

尽管人人都希望快乐如意，但无论怎么努力，怎么平衡，还是有一些悲伤和痛苦是无法避免的。那些伴随着生活琐事发生的失望、沮丧和痛苦，就像四季的气温变化，是正常而自然的，需要你默默地承受和消化。

在人生处于困境时，我们当然不能一筹莫展。

努力化解和突围之外，我们能做的，有时候，可能仅仅是等待。等待，并不意味着一定是消极的，尽力而为之余，以一颗平和的心等待光明，等待时光之手拂去尘埃，也许不失为一种好办法。

有时候等待是一种靠近幸福的智慧，而微笑面对挫折，才能赢来刚刚好的幸福。

有一则有趣的故事，讲的是两只蚌和一只螃蟹的对话。虽然故事很短小，却蕴含极为深刻的意义，告诉人们应该如何接受必要的痛苦和悲伤。

一只蚌对另一只蚌抱怨说："我真是痛苦不堪，那颗丑陋的沙子在我的身体里滚来滚去，让我浑身疼痛，整日都无法休息！"

另一只蚌闻言却哭泣着说："我倒是宁愿那么痛苦！谁都知道，只要过了这个最艰难的时期，你就可以生出美丽的珍珠，这是多么让人羡慕啊！"

一只螃蟹听到两只蚌的对话，忍不住站出来说道："其实你们都不需要抱怨！有了沙子在身体里的蚌啊，接受你这短暂的痛苦吧，你迎接的将是永恒的珍贵！没有沙子的蚌啊，安静地等待吧，只要你愿意让沙子进入你的身体，每一天都是机会。即使永远都没有沙子，你享受的难道不是轻松和快乐吗？哪需要去眼红别人的遭遇！"

从"我"中跳出来，与别人进行交流沟通，参考各自的生活轨迹和方式，这是一个破解痛苦的简易方法。因为相互的比较，可以让人们清楚地看到原来被忽略的一些事实和本质，例如说，尽管你的职业不够响当当，但是你的薪水很稳定；尽管你的相貌很丑陋，但是你的子女很上进；尽管你的老板很苛刻，但是你的妻子很贤惠……一旦你开始诚心感恩上天的赐予，就会不好意思再夸大自己那些微不足道的痛苦了。

而"我是世界上最不幸的人"的自我暗示一旦消除，人的压力和负担也会降低，再大的痛苦，也会被轻易地瓦解与消除了。

其实，一个人忍受痛苦的耐力，就是验证自我能力的试金石。很多时候，忍受痛苦并不代表放弃抵抗，而是要让自己从这种悲伤中找到出路，在苦痛中创造出美好的明天。

第二次世界大战中盟军杰出的指挥官之一，英国将军伯纳德·蒙哥马利在与德国名将隆美尔的作战中声名鹊起，他因为打败了这只沙漠之狐而成名。然而很多人不知道，蒙哥马利的童年，其实是在痛苦的忍耐中度过的。

蒙哥马利认为，能够忍受痛苦，具有应对任何意外事故的能力，是取得胜利的基本特质。压力越大，成功的概率也就越大。

幼年时期的蒙哥马利是家里的第4个孩子，因为天性好动，不喜欢学习，所以经常做出违背父母意愿的顽皮举动，让有洁癖的年轻母亲异常恼怒。这导致他经常受到母亲的责骂和冷落。情况严重的时候，母亲甚至用"你只能当炮灰"的话语来攻击可怜的儿子。而他的母亲总是在人前批评他、打击他，这更让别人有机会和理由去小看他。母亲的暴躁和绝情伤害了蒙哥马利的心灵，于是从他成年进入军队以后，就死也不愿意再和母亲往来。

但是，母亲施加的这些伤害并没有让蒙哥马利沉沦于痛苦不可自拔，尽管他每天都处于高压的阴影之中，但他仍然接受命运的安排，不去理会那些非议和嘲讽，坚持做自己觉得正确的事情。他的每一个举动，都恰巧印证了著名武侠小说作家古龙的思想精髓：只有能在清醒中忍受痛苦的人，他的生命才有意义，他的人格才值得尊敬。

在蒙哥马利后来的回忆录里，他说道："我童年因缺乏母爱而导致世人对我的嘲笑和蔑视，这种刺激造就了我坚韧不拔的意志和超凡的智慧，没有这些特质，我不会成为后来的蒙哥马利。"

无论多么痛苦，只有忍受住煎熬，敢于接受事实，做自己应该做的事，才可能在不知不觉中得到自信，寻找到一条崭新的道路。而蒙哥马利就是这样一个不甘受压于痛苦、勇敢走出困境、缔造不朽成就的伟大人物。

人不是为了吃苦而生存下来的，但是，苦来了，我们也不用去畏惧。勇敢地面对变化，毫不退缩地忍受痛苦，是打开意志力的阀门。

因为《卧虎藏龙》《断背山》《色戒》等电影而享誉国际的大导演李

安，在成名之前曾经度过一段非常潦倒的日子。从纽约大学戏剧系毕业以后，李安并没有如愿以偿地开始他的事业，反而陷入了"毕业即失业"的窘境。那段日子，身为药物研究员的妻子天天外出上班，而李安则担任家庭"煮"夫，在家带孩子，练习厨艺，一待就是6年，其煎熬不是一般人可以理解的。幸好，李安的痛苦只是暂时的。大多数时间，即使只是在厨房里做着简单的家事，他也像蜕变前的蝶蛹，忍耐着，变化着，让留在内心深处的理想随着不间断的筹划而慢慢实践，最后他终于抓住机会，成就了自己的一番事业。

让蚌忍受痛苦的是绮丽的珍珠，让李安忍受痛苦的是美好的前程。

因此，不要期待那传说般的时来运转，也不要因为暂时没有机会而抱怨唠叨。或许，机会在来临的途中悄悄地睡着了，而你的坚持就是唤醒它的唯一妙方。从最小的努力做起，然后用一个完整的计划和不懈的行动来促成机会的造访。

一个人要想得到更多的快乐和幸福，就必须忍受属于自己的那份寂寞与孤独。只有坦然接受这些痛苦，才能迎来暴雨之后的彩虹，看到漫天星光灿烂。

耐心的等待，也是一种不可多得的心底的幸福。

7. 保持平常心,体会蛰伏的美丽

哲学家邱斯顿说过: "天使之所以能够飞翔,是因为他们有着轻盈的人生态度。"做人要拿得起放得下,任何事情都要看开,都要用智慧去面对。平常心不是平庸心,不是对什么都无所谓,得过且过,碌碌无为地度日。保持平常心,并不等于要放弃远大的抱负与雄心,只是不要把成败看得那么重要。努力了、奋斗了,只求无愧于心就可以了。正所谓"谋事在人,成事在天"。

山姆是一个画家,而且是一个很不错的画家。他画快乐的世界,因为他自己就是一个很快乐的人。不过没人买他的画,因此他想起来会有些伤感,但只是一会儿的时间,很快他又开心起来了。"玩玩足球彩票吧!"他的朋友劝他, "只花2美元就可以赢很多钱。"于是山姆花2美元买了一张彩票,并真的中了头彩!他赚了500万美元。"你瞧!"他的朋友对他说, "你多走运啊!现在你还经常画画吗?""我现在就只画支票上的数字!"山姆笑道。山姆买了一幢别墅并对它进行了一番装饰。他很有品位,买了很多东西:阿富汗地毯,维也纳柜橱,佛罗伦萨小桌,迈森瓷器,还有古老的威尼斯吊灯。

山姆很满足地坐下来,他点燃一支香烟,静静地享受着他的幸福,突然他感到很孤单,便想去看看朋友。他把烟蒂往地上一扔——在原来那个石头画室里他经常这样做——然后他出去了。燃着的香烟静静地躺在地上,躺在华丽的阿富汗地毯上……一个小时后,别墅变成火的海洋,它被完全烧毁了。

朋友们很快知道了这个消息，他们都来安慰山姆。

"山姆，真是不幸啊！"他们说。

"怎么不幸啊？"他问道。

"损失啊！山姆你现在什么都没有了。"朋友们说。

"什么呀？不过是损失了2美元。"山姆答道。

在人生的漫长岁月中，也许我们不断地失去一些我们不想失去的东西，但是不必斤斤计较，耿耿于怀，因为这样于事无补。人们的生存空间广阔无边，人生的经历异彩纷呈，能像山姆一样拥有一颗平常心，谈何容易。

古时候有一位神射手，名叫后羿。他练就了一身百步穿杨的好本领，立射、跪射、骑射样样都能百发百中，几乎从来没有失过手。人们争相传颂他高超的射技，后来这事便传到夏王的耳朵里。有一次很偶然，夏王亲眼目睹了后羿的神箭法，很欣赏他的功夫。夏王便招他入宫中，要求他给自己单独演习一番，好尽情领略他那炉火纯青的射技。

夏王命人把后羿找来后，带他到御花园里找了个开阔的地带，叫人拿来了一块一尺见方，靶心直径大约一寸的兽皮箭靶，对后羿说："今天请展示一下您精湛的本领，这个箭靶就是你的目标。为了使这次表演不至于因为没有竞争而沉闷乏味，我来给你定个赏罚规则：如果射中的话，我就赏赐给你黄金万两；如果没射中，那就要削减你的一千户封地。"

原本很自信的后羿听了夏王的话，面色变得凝重起来。他脚步沉重地走到离箭靶一百步的地方，取出一支箭搭上弓弦，摆好姿势拉开弓开始瞄准。但因为心里想着这一支箭的重量，他无法安心，结果没有射中。

之后，后羿更加紧张了，他再次弯弓搭箭，精神却更不能集中了。后羿收拾弓箭，向夏王告辞，悻悻地离开了王宫。

夏王为此心生疑惑，就问手下道："这个神箭手后羿平时射起箭来百发百中，为什么今天却大失水准了呢？"

手下解释说："后羿平日射箭，不过是一般练习，在一颗平常心之下，水平自然可以正常发挥。可是今天他射出的成绩直接关系到他的切身利益，叫他怎能静下心来充分施展技术呢？看来他的得失心太重，以至于不能专心射箭，有愧于神箭手之名呀！"

过分看重利益往往是我们做事的大敌，对身边的事物尤其是名利，不妨抱着一颗平常心去看待，得之不喜、失之不忧。这样做人才能更加豁达和乐观，才能够安心地享受生活。

平常心是一种人生修养的很高境界，是一种平静和坦然的人生态度。平常心是尘世中的微笑，是物欲中的淡泊，是风浪中的平静，是困厄中的坦然。

唐朝诗人白居易曾说："自净其心延寿命，无求于物长精神。"对生活中的得失成败，要看得淡一些。用平常心来看世界，我们才能善良、热忱地为人做事。拥有一颗平常心，才能使内心达到一种真正宁静的境界，才能在万籁俱静的夜里，聆听大地的天籁：鸟叫虫鸣，风声雨声，花开花落；才能在喧嚣的尘世，静观人生之百态，感悟人间之冷暖。

拥有一颗平常心，你就会惊奇地发现和体会到平凡的生活中蛰伏的美丽。拥有一颗平常心，你就能从容地面对生活中的一切。在诱惑面前，镇定自若；在金钱和荣誉面前，得失不惊；在失意和落魄时，不气馁。

我的低调
要让全世界
都知道

第十章

会忍也要会挺，
低调也要让全世界都看到

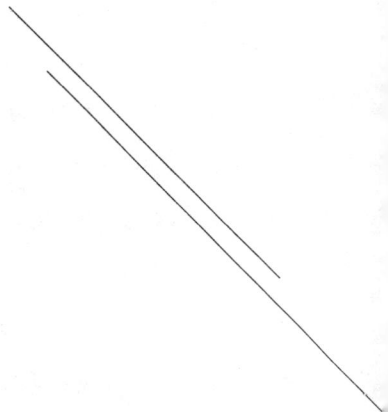

1. 看清楚自己的实力，比看清楚对手更重要

　　我们提倡低调，但低调，是为了让你暂时隐藏起自己的实力，而不是让你看不清楚自己的实力。纵观历史，那些卓有成就的人，往往是些擅长经营自己的长处之人。

　　我国近代著名的文学家鲁迅先生，原想通过学医来强健国人的体魄，但他后来发现用催人向上觉醒的文字，更能改变国民的精神、更能将沉睡的国民唤醒，于是毅然弃医从文，从而写下许多令世人警醒的作品，对我国近代史发展产生了广泛而深远的影响，也使得其成为中国著名的文学家、思想家、评论家、革命家。

　　东晋陶渊明先生，在为官后不久，因清醒地认识到以自己的个性无法立足于封建官场，遂毅然辞官归隐，过起了"采菊东篱下，悠然见南山"的怡然自得的烂漫生活。在此基础上他创作了大量以田园生活为主题的优秀作品，诸如《饮酒》《归园田居》《桃花源记》《归去来兮辞》等脍炙人口的佳作，从而奠定了其作为田园诗人之鼻祖的历史地位。

　　相反，有些站在历史较高起点，却给自己的人生留下败笔的人，往往是不能够好好经营自己长处的人。

　　南唐后主李煜，作为一个专职词人可以说是风华绝代，可惜身在帝王家作为一代君王，缺乏领导经营好国家的才能和气魄，最终成了一个亡国奴。

　　有句格言说得好："经营自己的长处，能使你人生增值；经营你的短处，能使你人生贬值。"

田忌赛马的故事人尽皆知。田忌与齐威王赛马，田忌的马略逊一筹，于是田忌用自己的下等马与齐威王的上等马比赛；用中等马同下等马比赛；用上等马比他的中等马。就这样田忌用以长击短的方法最终赢得了胜利，从而成就了一段千古佳话。而抗战时期，中共中央放弃走苏联红军"城市包围农村"的老路，毅然决定发挥自身优势，以"农村包围城市"，最终取得了战争的胜利。

其实，人生成功的战术万变不离其宗：无非是正视自身，扬长避短。举个简单的例子，如果让一个擅长写文稿、见到数字就发晕的人去做会计，一定无法有令人满意的结果。

王五和赵六是同学，前者善谈、外向，后者口讷、内向。毕业后，王五做了公司老总的秘书，公司老总经常提醒王五"言语要谨慎"，于是王五整天愁眉不展，畏畏缩缩，生怕自己一个不慎，将公司的"最高机密"给泄露出去。

而赵六却在一家服装公司做起了推销员。由于不善言谈，所以在公司的业绩排行月榜上他总是"压后阵"。为这事，赵六整天唉声叹气。

老师知道了他们的情况，于是就跟王五说："你既然长于言谈，为什么不作推销员呢，能言善讲不正是你作推销员的优势吗？"

然后，又对赵六说："你既然话语不多，就应该找个话少的工作，像会计之类要严守公司秘密的工作。"

两人听了老师的话，顿时茅塞顿开，两年后，王五成了一家公司市场开拓部的分部经理，赵六则成了另一家公司的主管会计师。在新的工作岗位上，两人都觉得如鱼得水，过得有滋有味。

一位哲人曾说过："一个人所成就的事业，必然是这个人的特长，舍长取短是天下最愚蠢的人才干的事。"

2. 给人帮助要低调，人情债千万不要四处宣扬

助人为乐是中外的传统美德，但是，如果你帮助别人不注意方式，往往会损害受帮助者的尊严。这时候，你的帮助就会变味，不但帮不了人，还会给受帮助者带来莫大的危害。

战国时期，诸侯混战，民不聊生，这一年，齐国大旱，饥民遍野。有一个富人叫黔敖的，开仓赈灾，吩咐人路边准备好饭食，以供路过饥饿的人来吃。这时，有一个瘦骨嶙峋的饥民走过来，只见他满头乱蓬蓬的头发，衣衫褴褛，将一双破烂不堪的鞋子用草绳绑在脚上，他一边用破旧的衣袖遮住面孔，一边摇摇晃晃地迈着步，由于几天没吃东西了，他已经支撑不住自己的身体，走起路来有些东倒西歪了。

黔敖看见这个饥民的模样，便特意拿了两个窝窝头，还盛了一碗汤，对着这个饥民大声吆喝着："喂，过来吃！"饥民像没听见似的，没有理他。黔敖又叫道："嗟，听到没有？给你吃的！"只见那饥民突然精神振作起来，瞪大双眼看着黔敖说："收起你的东西吧，我宁愿饿死也不愿吃这样的嗟来之食！"说完，这个饥民昂首挺胸地走了，最后饿死了，但是他宁死不吃嗟来之食的精神却流传了下来。

一个人饥饿到了极点，到了几乎不能维持自己生命的时候，却依然能够拒绝别人轻蔑的施舍，让他能够付出生命代价去维护的，就是他的尊严。每个人都遇到过难处，都有请求别人帮助的时候，在人们准备请求帮

助的时候，他们首先想到的是如果别人拒绝怎么办？在这个时候，他们的心灵就已经极其敏感了。

如果你不是一个死缠烂打的人，那么你一定会考虑到：假如对方表现出些许的为难，或者说了推辞的话，你会怎么办？当然是体谅人家的难处，收回自己的请求，如果对方对你不尊重，冷嘲热讽呢？我们自然会挺直腰杆，宁可无助，也决不再接受对方的帮助。

所以，我们帮助别人的时候，一定要注意维护对方的尊严，不要让他们已经受到创伤的心灵再遇挫折。

曾经有一个残疾的乞丐，他断了一只手臂。一天，他来到一户人家门口，向主人乞讨活命的食物。这时，从里面走出一个中年妇女，她仔细端详了乞丐一番，对乞丐说："现在经济形势这么恶劣，我没有多余的钱施舍给你，不过，如果你能帮我们家做一些事的话，我倒不介意为此付给你工钱。"

乞丐纳闷了：自己一个残疾人，能干什么呢？妇人把乞丐带到后院的一堆砖边，指着那堆砖说："你只要把这些砖搬到前院的话，我就给你钱。"

乞丐听完后，很气愤，压抑不住心中的怒火，说："你明知道我只有一只手，还叫我搬砖！不给钱就算了，你还羞辱我！"但那妇人却拿起一块砖，对他说："拿起一块砖，一只手的力量就足够了！你虽然只有一只手，但你可以用你的一只手搬砖啊，照样可以靠自己的劳动赚钱！"乞丐听完后，似乎懂得了什么，他吸了口气，用他的一只手，一个一个地把砖搬完了。妇人看着乞丐把砖搬完后，也实行了自己的诺言，给了些钱给乞丐。

几年后，有一个气度非凡，身穿西装的青年来到这个妇人家，感慨万千地感谢那妇女，那位妇女开始并不知道他是谁，后来看出了那人是独臂，才想起是当年来自己家乞讨的那位乞丐。那乞丐现在成了一家搬运公司的老板，他正是用他的那一只手，成就了自己的一番事业。这位青年对妇女说："非常感谢您，要不是您帮我找回我的尊严，我哪会有今天！如果没有您对我的教诲，我……"

妇女又领他来到了后院，指着依然堆在那里的砖头说："其实我并不需要挪动那堆砖头，这些年来，每个到我家来寻求帮助的人，我都会让他们搬那堆砖头，我只是想让他们体面地获得帮助。同时告诉他们：要用自己的劳动来换取钱财。今天你的成就，一定是你辛勤的劳动和自信带来的！"

故事中这个妇人的办法非常高明，在帮助别人的同时，她很好地维护了对方的尊严，并且通过劳动给对方一个提示——尊严可以靠劳动来维护，命运也可以靠劳动来把握。

在今天的社会里，人和人之间的关系变得异常密切，这也就导致互帮互助变得越来越平常。但在有些人的意识里，帮助者和受帮助者并不是平等的，帮助人的人处于强势地位，自然可以高高在上，而受帮助者由于有求于人，就应该卑躬屈膝，低人一等。

在这种观念的误导下，他们在帮助别人的时候，会显露出自己的优越感来，从而使自己表情变得傲慢，语气变得不屑，言辞变得尖刻，眼神变得冷漠。给受帮助者一种心寒的感觉。设身处地地想一想，如果我们处在受帮助者的位置，我们还能接受这样的"帮助"吗？

帮助别人需要热心，更需要技巧，而这技巧中最重要的一条，也是原则性的一条，就是要维护对方的尊严，让他人愉快地接受你的帮助，而不会产生心理负担。我们在电视上、新闻里看到过不少企业和个人出资帮助遇到困难的个人和家庭的事件，习惯性的报道方法就是先说受帮助者如何困难，再说帮助人的人如何心善，最后让受帮助者对帮助者千恩万谢。

我们不用怀疑自己的动机，也不怀疑自己的真诚，但是，有时候，我们的一些善意的举动不仅没有帮到受助者，反而让受助者处于一个非常尴尬的境地。这是我们要极力避免的。

● ● ●

3. 可以隐藏实力，但不能隐藏未来

很多人往往把低调当成了目的而不是手段，把低调理解为消极地躲避起来打发时间，这是错误的。低调的前提就是要有规划，有章法。

一件事情，重要的不是现在怎样，而是将来会怎样。要看到事物的将来，就必须有高远的眼光和清晰的目标，看清了它的将来，低调才是值得的，才是有方向的。

德州石油巨富亨特，从一个濒临破产的棉农成为一个亿万富翁。当有人向他询问，有什么建议可以给那些想在财务方面取得成功的人们时，他说：只有两件。

"首先，你必须确切地决定你想实现什么。大多数人在一生中都不曾这样做过。其次，你必须确定自己为此要付出什么代价，并决心付出。"

就像一位跳高运动员，如果他的前面不放一根横杆，让他漫无目的自

由地跳高，可以肯定，他永远也跳不出好成绩来。正确的方法是，在他面前设定目标，放置一根横杆约束他，让他不断地超越，横杆也就不断升高。甚至会有这样的情况，在一定范围内，横杆越高，跳得就越高；横杆很低时，他却跳不起来，因为，没有目标（横杆很低）时，会产生强烈的"失落"感。这又很像物理学的一条原理：没有参照物，运动或静止都没有意义。

有一年，一支英国探险队进入了撒哈拉沙漠的某个地区。在茫茫的沙海里负重跋涉，阳光下，漫天飞舞的风沙像炒红的铁砂一般，扑打着探险队员的面孔。口渴似炙，心急如焚——大家的水都没有了。这时，探险队长拿出一只水壶，说："这里还有一壶水。但穿越沙漠前，谁也不能喝。"一壶水，成了穿越沙漠的信念的源泉，成了求生的寄托目标。水壶在队员手中传递，那沉甸甸的感觉使队员们濒临绝望的脸上，又显露出坚定的神色。终于，探险队顽强地走出了沙漠，挣脱了死神之手。大家喜极而泣，用颤抖的手拧开了那壶支撑他们精神和信念的水——缓缓流出来的，却是满满的一壶沙子！

"二战"期间，从奥斯维辛集中营活下来的人不到5%。据身临其境的犹太裔心理学家弗兰克观察研究，幸存者几乎毫无例外，都是深知生命的积极意义的人。他们顽强地活下来的主要原因就是他们心里都有一个明确的目标——"要做的事还没有做完""活着与爱着的人重逢"。

所以说，低调是必须有目标、并为这个目标有所规划的。我们可以隐藏实力，但不能隐藏未来；我们可以忍耐，但是一定要让其值得。

那么，我们如何为现阶段的低调做出一个规划呢？这是一件需要你花费很多时间仔细考虑的事情。

下面的步骤可以让你开始这样的旅程：

（1）写出一个你人生目标的清单。

人生目标是一件重要的事，换句话说，就是你的人生抱负，不过抱负听起来总像一种超出你可控范围的事情，而人生目标是，如果你愿意投入精力去做，就可能达到的。因此，你这一生真正想要的是什么？什么是你真正想去完成的事情？什么事情如果你突然发现你不再有足够的时间去完成的时候，会后悔不已？这些都是你的目标，把每个这样的目标用一句话写下来。 如果其中任何目标不是达到另外一个目标的关键步骤，就把它从清单中去掉，因为它不是你的人生目标。

（2）对于每一个目标，你需要设定一个你认为合适的时间框架。

这就是你的十年计划、五年计划，还有你的一年计划。其中一些目标可能会有 "搁置期"，因为受年龄、健康、经济状况等限制，这些你需要用来完成目标的因素需要花一些时间来达成。

（3）把每个人生目标单独写在一张白纸的顶端。在每个目标下面写上你要完成这个目标所需要但是目前你又没有的资源。

这些东西可能是某种教育、职业生涯的改变、财务、新的技能等。任何一个你在第一步里面去掉的关键步骤，都可以在这一步中补上。如果任何一个目标下面还有子目标，都可以补上，以保证你的每一步都有精确的行动相对应。

（4）写下你要完成每一步所需要的行动。

这个可能是一个检查清单，这是你可以完成你的目标的所有确切的步骤。

（5）在每一张目标表上写下你所要完成目标的年份。

对于那些没有确定年限的目标，考虑一下你想要在哪一年完成它并以此作为年限。检查整个时间框架，为你所需要完成的每一小步，写下你所需要完成的现实时间。

（6）现在检查你的整个人生目标，然后定一个你这周、这个月和今年的时间进度表——以便你自己可以按照预定的路程去完成你的目标。

　　把所有的目标完成时间点写在你的进度表上，这样你对要完成的事情就有了确定的时间了。在一年的结尾，回顾你在这一年里面所做的，划掉你在这一年里面已经完成的，写下你在下一年里面所要去完成的。

　　可能你需要花很多年的时间，比如说，完成一次职位提升，因为你先要去找一份兼职工作，以保证你可以获得更多的钱供你去上完一个在职课程以拿到MBA学位；但你最终会到达你的目标，因为你不但计划好了你要得到什么，并且也计划好了要如何去得到，在得到之前你要做哪些步骤。

● ● ●

4. 小·事情都做不好，谁还指望你做大事

　　任何人都不可否认的一个事实就是：最伟大的生命往往是由最细小的事物点点滴滴汇集而成的。绝大多数人很少能有机会遇到那种重大的转折，很少有机会能够开创宏伟的事业。而生活的溪流往往是由这些琐碎的事情、无足轻重的事件以及那些过后不留一丝痕迹的细微经验渐渐汇集成的，也正是它们才构成了生命的全部内涵。

　　科学界的巨匠亥姆霍兹把自己一生的成就归功于他在因伤寒发作而得的狂热症。当时，由于生病不得不待在家里，足不出户，他就用很少的一

点钱买了一架天文望远镜。而正是这架望远镜把他带入了科学的殿堂，并让他日后在这个领域里名声大噪。

世间最睿智的国王所罗门说过，万事皆因小事起。克里米亚战争造成了巨大的人员伤亡和财产损失。欧洲的四大强国英国、法国、土耳其和俄国都被牵连了进来，而战争的起因却是一把钥匙。

土耳其宣称，耶路撒冷圣墓中的一个神龛归土耳其的基督教会所有，于是就把神龛锁了起来，并且拒绝交出钥匙。这一行为使得希腊的教会很恼火。后来，争端不断升级。于是，俄国作为希腊的保护国、法国作为拉丁教会的代表也参加了进来。形势开始变得复杂起来。俄国要求土耳其对希腊的教会进行补偿，但土耳其拒绝这一要求。由于英国传统上就有保护土耳其人的习惯，在这场纠纷中他们理所当然地站在土耳其人的一边，同他们结成联盟共同反对法国和俄国。就是这样芝麻粒大小的事情，引发了这场巨大的纠纷。

法国历史被篡改，一个强大的王朝被推翻，但它的起因却是一碗酒。

奥尔良公爵是国王路易·菲利普的儿子，在同朋友一起喝酒时，奥尔良在朋友们的力劝之下多喝了几杯。后来聚会结束后，大家将要离去时，他叫了一辆马车。可是这时候马有点受惊了，把他掀倒在地上，由于失去了平衡，他脚下踩空，头朝下摔倒在人行道上，不省人事。如果不是那几杯酒，他可能不至于会坐不稳而摔下来；或者，即使摔倒在地，他自己也许还能站起来。但他再也没有起来。几杯酒使得这个王位继承人丢了性命，而他的全家后来也遭到了流放，他们家族的巨额财产也全部被充公。

大约半个世纪以前，一个行人停在苏格兰北部的一家乡村客栈过夜。在他停留期间，信使给老板娘带来了一封信。老板娘接过来，审视了一番，又原封不动地把信还给了信使，说，她付不起信的邮费。

听了这些话，行人坚持要替老板娘付邮费。当信使离开了以后，那老板娘坦白地跟他说，其实信里根本没什么内容。她知道写信的是自己的弟弟。他住得离她比较远，他们姐弟俩约定好，在写信的时候他们只要在信封上做一些特殊的记号，他们就彼此明白对方过得是否很好。

这个行人就是著名国会议员罗兰德·希尔。这件小事启发了他，他马上就意识到人们需要一种价格低廉的邮政方式。没过几个星期，他就向国会众议院提出了一项议案来降低邮费。正是由于这样一件小事，才有了后来费用低廉的邮政制度。

格兰特将军回忆说，有一次他妈妈让他到邻居家去借点黄油。路上，他听人在念一封信说，西点军校正在招生。于是，他就没去借黄油，而是直接去西点招生处申请去西点的名额。也正是这个机遇，使他有机会接受正规的军事教育，从而为他日后在国家的危机中大显身手奠定了基础。他经常说，就是他妈妈叫他去借黄油这件小事情才使得他成了将军，继而当上了总统。

那些对自己的本性毫无认识，不屑于做细微之事的人，永远成就不了任何大的功业。

5. 知识的积累比财富更有价值

知识的积累比之财富更有价值，它能使一个人从博学中领悟智慧，能帮助一个人从黑暗中走向光明。犹太人特别重视金钱，但他们认为知识比财富更重要。这则犹太人的传说故事就反映了他们对于知识和财富的看法：

一次，很多富翁乘一艘大船出海旅游，酒足饭饱之后他们各自吹嘘自己如何富有，一个比一个说得离谱。一位读书人在一边听他们争论却默不作声。

一位富翁问那个读书人："年轻人，你有什么财富？快对大家说说！"

读书人微笑着说："我比你们都富有，只是现在我无法拿给你们看……"

富翁们以为他不过是一个穷光蛋而已。几天后，游船遇到了一伙海盗，富翁们随身携带的金银财宝全部被洗劫一空，富翁们懊恼极了。

大船继续向前驶抵一个港口后，实在没有资金再向前航行了。富翁们上岸后，困窘得只好靠给人做苦力来填饱肚子；可读书人很快就被聘到学校去教书，生活自然比富翁们好多了。

几年后，读书人有了一定的积蓄又娶了漂亮的妻子；而当年自吹自擂的几位富翁，却沦为了真正的穷光蛋。他们若有所悟地对年轻人说："小伙子，你这才是真正的财富，把知识藏在肚子里，什么时候需要用都有，也不会遭到海盗的劫持……"

人人都希望拥有财富，很多人去学习知识的目的就是想获取财富。

一开始，人们是用金钱去学习知识，然后再用知识去获得财富。财富可以天生拥有，而知识却要通过艰苦的学习才能获得；知识有可能会转化成财富，而财富却无法买到知识；财富可能一夜之间消失，知识却可以让自己受用一生；财富会贬值，而知识只会越来越有价值。人们常说"知识就是财富"，却从未听说有"财富就是知识"的说法。

有人喜欢聚敛钱财，对于他们来说，知识只是获取钱财的一个手段。但这些浮云般的身外之物，往往会随着时间和境遇而来去空空。唯有知识的积累，才是实在而永久的。

而忙着聚敛财富的人，就很少再去想过收集知识了。因为按照他们的思维模式，读书的目的就是获得更多的财富，既然目的已经达到了，再去积累知识又有何用。近几年的高考，有越来越多的考生弃考，一部分人的观点就是，现在大学毕业就业难，读完大学几年，出来跟没上那么多年学的人抢饭碗，好像并不怎么划算。成功的道路千万条，不敢说这样的选择就是错的，只是用财富去衡量知识，未免有些失准。

在这方面，杰出的企业家托马斯·金曾受到加利福尼亚的一棵参天大树的启发："在它的身体里蕴藏着积蓄力量的精神，这使我久久不能平静。崇山峻岭赐予它丰富的养料，山丘为它提供了肥沃的土壤，云朵给它带来充足的雨水，而无数次的四季轮回在它巨大的根系周围积累了丰富的养分，所有这些都为它的成长提供了能量。"

那些学识渊博、经验丰富的人，比那些庸庸碌碌、不学无术的人，成功的机会更大。许多天赋很高的人，终生处在平庸的职位上，导致这一现象的原因是不思进取，他们宁愿把业余时间消磨在娱乐场所或闲聊中，也不愿意看书学习。其实，随时随处都有知识可以积累。对于一切接触到的事物，都要细心观察、研究，积累知识比积累金钱更要紧。如此，所获得的内在财富要比有限的薪水高出数倍。

6. 越是自由，越是要自律

孔子曾经说过：君子慎独，即真正的君子，要在没有他人监督的情况下，严格地约束自己，不能做出背离礼法及伦常的事来。

人们在独处的时候，更应当学会自持和自制。今天，人们有了越来越大、越多的自由，有了更多的机会和表现自己的空间。也正是在这种情况下，自持和自制显得尤为重要。

如果我们要明确规定什么是自持和自制，那么，也就是自己给自己立法，并以此来约束自己，提高自己的自持与自制力。

古代人都讲究"慎独"，在很多时候，人们都要被一些客观的因素和伦理法则被动地约束。而能在独自一人、无他人在场监督时也自觉地遵守严格的律条，所要求的不仅是在公共场合，而且是在独处时都能够服从某种伦理观念和法律规范，也更是一种对自我立法的服从，是一种自己对自己的规定。对这种自我立法的服从，反映了一个人自制力的大小。

曾国藩说："故能慎独，则内省不疚，可以对天地，质鬼神，断无'行有不慊于心则馁'之时，人无一内愧之事，则天君泰然，此心常快足宽平，是人生第一自强之道，第一寻乐之方，守身之先务也。"

不可否认，人的本性都是趋利避害的，然而人生行为却必须框定在符合仁德礼义的规范之中，一个以仁德品性作为人生修养基础的人，在其人生行为过程中，就会坚守自己的德行操守；只有道德品性修养差的人，才会自欺欺人，闲居时才做不道德的事。对于一个道德品性修养高的人来说，有人无人都一样，会始终不断地克制自己的欲望，以至于不做出任何一点违反道德的事。

在孔子的理想人格塑造中，自知、自爱是君子所应具备的基本素质。自知就是知道自己的不足，自爱就是爱护自己的仁德；在人生行为实践中，就外化为慎独。君子自知不足而不骄不躁，君子自爱其身而谨小慎微。君子慎独，就能见仁德于细微之处，制恶欲于无人之境。君子慎独就要做到："勿以恶小而为之，勿以善小而不为。"

儒学强调"君子慎其独"就是要求人们在其人生行为修养过程中磨练功夫，认识到加强人生自我修养的重要性。人生行为实践的一切得与失、功与过、善与恶、好与坏全在自己。

儒学要使人明白的就是："君子之自行也，敬人而不必见敬，爱人而不必见爱。敬爱人者，己也；见敬爱者，人也。君子必在己者，不必在人者也。"

一个道德品性高尚的人的自我行为修养，应在于尊敬他人而不必要求他人的尊敬，关爱他人而不必非得被他人所爱。尊敬、关爱他人，是自己的事；被人尊敬、关爱，是他人的事。要成为一个有高尚道德品性的人必须靠自己的努力，不依赖于他人，也不显见于他人。正因为人生行为修养是自己的事业，所以，君子慎独便具有完善一个人全部品性的意义。

宋儒程颢说："君子所不可及者，其唯人之所不见乎！《诗》曰：'相在尔室，尚不愧于屋漏。'君子慎独。"一个具有高尚道德品质的人，就是在别人看不见的时候，也不去做不道德的事。如《诗经》所说："相互同处在别人的房间里，君子也不会因为房屋漏而常常感到惭愧。心中无杂念，方能慎重地以德性规范来约束自己的行为。"一个人只要心中无愧，心怀赤诚，无论身在何处，都无须顾及周围的环境状况。只有心怀私欲的人，才总去担心别人发现自己的不善行为，故而顾虑重重，忧心忡忡。

君子慎独的核心，在于人生行为修养中，坚定自己的内心信念与良心尺度，重在自己道德意识约束力的增强。因此在儒家看来，慎独之道，重在养心，使人心能知善知恶。同时见于言行，使言行始终恪守在善道之中。

君子慎其独，历来是儒学倡导为人所应达到的道德行为境界，也是历来仁人君子所极力推崇的一种思想人格。

东汉时期，官司至侍御史的雷义，曾经把一个犯死罪的人解救出来。这个人后来用二斤黄金感谢雷义的救命之恩，雷义坚决拒收。他就趁雷义不在时，悄悄把二斤黄金塞在雷义家的天花板上。多年以后，雷义修理房子时发现黄金，可这时送黄金的人已经死了，这事自然无人知晓；在雷义无法将黄金归还的时候，他毅然将黄金交给了当地官府。

这种高风亮节之举，是难能可贵的。一个人的优秀品质的养成，全在于自己修炼的功夫与自己人生行为修养的实践。

美国著名的科学家、政治家和作家富兰克林在青年时代就为自己订立了十几条规则，其中包括节制，即食不过饱、饮酒不醉、沉默寡言、俭朴等等。显然，当我们有了这样一种对自己的约束，并且能够始终如一地去遵守时，就是对自身修养的一种修炼。

在人生中，如果一个人真正做到无论在何时何地，都一律用符合社会的道德规范来自觉地严格约束自己，这个人就必能自觉地以他人的行为作为自己的人生借鉴，就能扬善避恶；始终守身如玉，洁身自好，言行一致。

7. 不患得患失，才能真正有所得

也许一个人可以做到虚怀若谷，大智若愚；但是事事吃亏，总觉得自己在遭受损失，渐渐地就会心理不平衡，于是就会计较自己的得失，再也不肯忍气吞声地吃亏，凡事一定要分辩个明明白白，结果朋友之间，同事之间是非不断，自己也惹得一身闲气，而所想到的也照样没有得到，这是失的多还是得的多呢？

春秋战国时期的宓子贱，是孔子的弟子，鲁国人。有一次齐国进攻鲁国，战火迅速向鲁国单父地区推进，而此时宓子贱正在做单父宰。当时也正值麦收季节，大片的麦子已经成熟了，不久就能够收割入库了，可是战争一来，这眼看到手的粮食就会让齐国抢走。当地一些父老向宓子贱提出建议，说："麦子马上就熟了，应该赶在齐国军队到来之前，让咱们这里的老百姓去抢收，不管是谁种的，谁抢收了就归谁所有，肥水不流外人田。"另一个也认为："是啊，这样把粮食打下来，可以增加我们鲁国的粮食，而齐国的军队也抢不走麦子作军粮，他们没有粮食，自然也坚持不了多久。"尽管乡中父老再三请求，宓子贱坚决不同意这种做法。过了一些日子，齐军一来，把单父地区的小麦一抢而空。

为了这件事，许多父老埋怨宓子贱，鲁国的大贵族季孙氏也非常愤怒，派使臣向宓子贱兴师问罪。宓子贱说："今天没有麦子，明年我们可以再种。如果官府这次发布告令，让人们去抢收麦了，那些不种麦了的人则可能不劳而获，得到不少好处；单父的百姓也许能抢回来一些麦子，但是那些趁火打劫的人以后便会年年期盼敌国的入侵,民风也会变得越来越坏。其实单父一年的小麦产量,对于鲁国的强弱影响微乎其微,鲁国不会因为得到单父的麦子就强大起来,也不会因为失去单父这一年的小麦而衰弱下去。但是如果让单父的老百姓,以至于鲁国的老百姓都存了这种借敌国入侵能获取意外财物的心理,这是危害我们鲁国的大敌,这种侥幸获利的心理难以整治,那才是我们几代人的大损失呀!"

宓子贱自有他的得失观,他之所以拒绝父老的劝谏,让入侵鲁国的齐军抢走了麦子,是认为失掉的是有形的、有限的那一点点粮食,而让民众存有侥幸得财得利的心理才是无形的、长久的损失。得与失应该如何舍取,宓子贱做出了正确的选择。要忍一时的失,才能有长久的得;要能忍小失,才能有大的收获。

中国历史上很多先哲都明白得失之间的关系。他们看重的是自身的修养,而非一时一事的得与失。春秋战国时期的子文,担任楚国的令尹。这个人三次做官,任令尹之职,却从不喜形于色,三次被免职,也怒不形于色。这是因为他心里平静,认为得失和他没有关系了。子文心胸宽广,明白争一时得失毫无用处。该失的,争也不一定能够得到,越得不到,心理越不平衡,对自己毫无益处,还不如不去计较这一点点损失。

患得患失的人把个人的得失看得过重。其实人生百年,贪欲再多,官位权势再大,钱财再多,也一样是生不带来死不带走,处心积虑、挖空心思地巧取豪夺,使一个人变得心胸狭隘,斤斤计较,目光短浅。而一旦将个人利益的得失置于脑后,便能够轻松对待身边所发生的事,所以遇事要从大局着眼,从长远利益考虑问题。

例如:南朝梁人张率,12岁时就能做文章,天监年间,担任司徒的职务。他喜欢喝酒,在新安的时候,他曾派家中的仆人运3000石米回家,等运到家里，米已经耗去了大半。张率问其原因，仆人们回答说："米被老鼠和鸟雀损耗掉了。"张率笑着说："好大的鼠雀！"后来始终不再追究。张率不把财产的损失放在心上，是他的为人有气度，同时也看出来他的作风。粮食不可能被鼠雀吞掉那么多，只能是仆人所为，但追究起来，主仆之间关系僵化，粮食还能收得回来吗？粮食已难收回，又造成主仆关系的恶化，这不是失的更多、更大吗？

同样，唐朝柳公权在唐文宗时入翰林。他家里的东西总是被奴婢们偷走。他曾经收藏了一筐银杯，虽然筐子外面的印封依然如故，可其中的杯子却不见了，那些奴婢反而说不知道。柳公权笑着说："银杯都化成油了。"他从此不再追问。

《老子》中说："祸往往与福同在，福中往往就潜伏着祸。"得到了不一定就是好事，失去了也不见得是件坏事。正确地看待个人的得失，不患得患失，才能真正有所得。人不应该为表面的得到而沾沾自喜，认识人，认识事物，都应该是认识根本。得也应得到真的东西，不要为虚假的东西所迷惑。失去固然可惜，但也要看失去的是什么，如果是自身的缺点、问题，这样的失又有什么值得惋惜的呢？